JN239915

DIAMOND NEO BOOKS

〝まさか〟人生でも「信頼」があれば立ち向かえる

情を大切に、何があっても投げ出してはいけない

木下紀夫

まえがき

人生には三つの坂があるという。

上り坂、下り坂、そしてもう一つ、〝まさか〟である。

私は2006年春、シマダヤの社長に就任したが、在任中の17年間をはじめ、その前の役員時代から実に多くの〝まさか〟に遭遇した。

20数年間、〝まさか〟の連続だったと言っても過言ではない。

役員時代の〝まさか〟の最初が、物流子会社の組合訴訟問題である。

以前から多くの改革に取り組むたびに摩擦が起こり、改革とは決してきれいごとではすまないと、身に染みてわかっていたつもりだった。

だが、このときは唖然とした。当時の社長に「徹底的に闘うぞ！」と活を入れられ、はっと我に返ることができた。

第二の〝まさか〟が、生産工場の異物混入問題だ。

その2年前に雪印乳業食中毒事件があり、品質管理に念には念を入れてきたつもりだったが、

〝まさか〟品質向上のために新しく導入した設備が原因で、異物が混入するなんて……。考えもしなかったことが起きた。

社長になった直後に起きたのが、長年提携してきた大手食品メーカーとの資本提携の解消だった。

2011年3月の東日本大震災は、直後の被害への対応に苦慮しただけでなく、その後も長く続く復興の過程で、判断することの難しさを知った。あとにも先にも二度と経験できない、貴重な時間であった。

そして新型コロナウイルス感染症への対応。誰もが仕事も日常生活もガラリと変えざるを得ないなか、営業・製造・物流……、経営のあり方を根本的に見直さざるを得なかった。

東日本大震災と新型コロナウイルス感染症の世界的流行は、いずれも一生に一度、遭遇するかしないかの極めてまれな出来事だろう。

そして、最後は2022年、生産子会社で起きた横領事件がある。

社長として「品質とブランド」の確立を掲げ、営業・開発・製造・物流・消費者対応……と、くまなく目を配ってきたつもりだったが、その努力で築いてきた信頼と評価を台無しにする出来事に、立ち直れないほどのショックを受けた。

私は毅然と振る舞ったつもりだが心はかき乱され、その動揺を人に気づかれないよう耐えることも、またつらい経験だった。

「なぜ、こんなときに、こんなことが……」

前例のないことが起き、何が正解なのかもわからないなか、それでもさまざまなことを判断しなければならない。ストレスに押し潰されそうになる。

世の中とはいかに不確実なものかと、つくづく思いもする。だが、一方では、変わらないものがあることも知った。

信頼の大切さだ。

多くの問題に直面したが、同僚や取引先、関係者、そして家族に支えられ、困難を切り抜けることができた。どこに進めばいいのか方向さえわからないときでも、信頼し合う仲間とともに話し合うことで、向かうべき道が見えてきた。人を信じていたから、そして、信じられていたから、問題に向き合うことができたのだ。

社長時代には、ある消費者から、余命いくばくもない父親のために、シマダヤの冷やし中華を食べさせたいが、どこにも売っていないと連絡をいただいたことがある。商品を懸命に探して送り届けると、丁寧なお礼の言葉をいただき、こちらも思わず涙した。

信頼されていることが心から嬉しかった。一生忘れられない出来事である。

危機はこれからも必ずやって来る。予測もつかない事態に、また〝まさか〟と驚き、対応に苦慮するに違いない。

だが、信頼があれば立ち向かうことができる。そのことを本書で少しでも伝えられれば、幸いである。

木下紀夫

〝まさか〟続きの人生でも「信頼」があれば立ち向かえる

目次

まえがき 3

第1章

東京は下町浅草生まれ。サッカーに明け暮れた若き日々 13

ちょっと怖くて、魅力にあふれる街に生まれて
桶職人の父に連れられ、なぜか神谷バーでオムライスを
小中はサッカーに夢中、ベッケンバウアー、釜本に憧れて
獨協大学に進学、いずれはサッカーの指導者に

第2章

数々の洗礼を受けたものの、人を深く知るきっかけを与えてくれた営業所長時代 23

島田屋本店に入社、ルートセールスで街を走り回る

第3章

真の食品メーカーになるため、組織の大改革に邁進

「おい、うどん屋」と呼ばれるのが悔しくて
ダントツの成績で表彰、ご褒美のハワイ旅行なのにヘトヘトに
入社2年目で結婚、給料は妻が遥か上
営業所長に昇格、だが、事態は予想を超えて
物流合理化の要、大宮センターのセンター長に就任したものの……
トラブルの連続、夜中もたたき起こされて
ついに妻も「実家へ帰らせていただきます」と置き手紙
早々に帰ってきた妻が取った驚きの行動
コミュニケーションの第一歩は、人を知ること
日頃の不満をぶちまけた面談、反応は意外なことに
未払い金を肩代わりしろとは、どういうことだ!
やがて知った「鍵を閉めて帰れ」の真意

猛反発をくらった40億円の仕入商品の整理
間違った食べ方をそのまま商品化!?「流水麺」開発へ
「うどんの刺身か」「月に行くより難しい」と言われて
「夏の売り場がこんなに賑わうとは」と感謝の言葉
カップ「真打ちうどん」の成功と失敗、その教訓とは
黙っていなかった競合他社、たちまち取り囲まれ赤字に
得意分野を生かせるか、生かせないかが大きな分かれ目
「業務用冷凍麺」成功のカギは、ルートセールスにあり

第4章
次々と噴出する〝まさか〟に翻弄されながらも
利益を出せる会社づくりを誓う 81

食品業界の大きな教訓となった雪印乳業食中毒事件
入れ替えたばかりの部品が破損!　しかも小麦粉に混入!?
「すぐに回収だ!」社長に怒鳴られ目が覚めた

精神的に追い詰められながらも、品質管理の重要性を再認識
訴訟にまで発展した物流子会社の労働問題
私を救ってくれた、思いもよらぬ社長のひと言
社員の要望を形にしたニュービジョン
〝まさか！〟の、大手食品メーカーとの資本提携解消

第5章 品質とブランドの向上に心血を注ぎ、誰からも信頼される会社へ

111
「品質とブランド重視の経営」を掲げて
「こんなことやりやがって」と反発もあった早朝勉強会
反対意見が続出した、赤字商品の供給停止案
「お前のところとはもう付き合わない」
値上げを断行、それでも消費者は支持してくれた
何もかも変えてしまった東日本大震災

被災地への商品供給を最優先に
作り続けることこそが工場のやりがい
「品質とブランド力」を見える形にした東京ドームの大看板
品質向上の徹底を図って全工場を子会社に
苦しいときこそ助け合って——コロナ禍で知った信頼の大切さ
踏み切った国産化が揺るがない信頼に

あとがき　152

第1章

東京は下町浅草生まれ。
サッカーに明け暮れた若き日々

ちょっと怖くて、魅力にあふれる街に生まれて

現在、浅草の雷門は、日本を代表する名所の一つとして、休日、平日を問わず、外国人観光客でごった返している。雷門から浅草寺の境内へと続く表参道――仲見世はもちろん、浅草の街全体が、いつもまるでお祭り騒ぎのような人混みだ。

だが、今から70年前はまったく違っていた。

私がここで生まれたのは１９５４年5月19日。父と母、兄と姉、そして祖母の５人が浅草で暮らしていたが、そこへ末っ子の私が生まれて６人家族になった。

終戦から10年ほど経っていたが、街には戦争の痕跡が残っていた。物心ついた頃、浅草の街の風景の一つとして覚えているのが、道ばたでアコーディオンを奏でている傷痍軍人の姿だ。顔や身体中に包帯を巻きつけたり、腕や脚を失っていたり、小さな子どもの目には恐ろしく映った。

それでも浅草の街は魅力的だった。

毎日、家から20分ほど歩いて浅草寺まで行き、境内で鬼ごっこをして遊んだことを覚えてい

る。年上の子たちが長馬跳びをして遊んでいるのを、眺めていることもあった。

一人の子が石塀を両手でつかんでかがむと、その脚の間に次の子が首を突っ込み、その子の脚の間にまた次の子が……と連なっていく。できあがった列めがけて、今度はその上に跳び箱の要領で次々と子どもたちが馬乗りになっていく。重さに耐え切れずに列が潰れるまでそれが続くのだ。

小さな子には危険だと私にはやらせてもらえなかったが、年上の子たちが一列になっている姿は、今でも鮮明に目に焼きついている。

仲見世を通り越して浅草寺の先へ行けば、花屋敷があり、さらにその先には吉原もあった。当時、５歳に満たない自分に理解できたことはわずかだったが、賑やかで妖しく、怖くもあった浅草の街が好きだった。疲れも知らずに遊んでいた。

桶職人の父に連れられ、なぜか神谷バーでオムライスを

父は桶職人だった。浅草と上野の間に仕事場を構え、桶を作って売っていた。

木下家が代々続く職人の家だったのかどうかは、わからない。ただ、もとの家は隅田川の東側、今でいう江東区の西の端あたりにあったと聞いている。１９２３年の関東大震災で家が焼け落ち、そのため隅田川の西側、浅草に移ってきたそうだ。

昔はどこの家庭でも、父親が外で（あるいは家で）働き、母親が家で子どもを育てるのが当たり前だった。特にウチは父が職人だったためだろう、いかにも封建的な家庭だった。

父の言うことは絶対であり、食事中、少しでも口を開けば「しゃべるな」と怒られ、黙って食べていても「箸の持ち方が悪い」と怒られた。母親はみんなが食べ終わってから、食事をとっていた。

決して裕福な生活ではなかったが、食べるのに困るほど貧乏ではなかったと思う。だが、父の自分勝手な振る舞いや、その母親である祖母の言葉で、母がかなりつらい思いをしていたことは理解できた。

今でこそ嫁、姑のどちらにも言い分があることはわかるが、小さな子どもだった私には、一方的に母がいじめられているように思え、父や祖母に反抗したこともある。

しかし、そのわりには末っ子だということで、かわいがられたことも事実だ。

父は子育てにはまったく関心はなかったのだろう、一緒に遊んだ記憶はない。私が小学校、中学校と進学しても、入学式や卒業式などの行事に顔を出してくれたことはなかった。

だが、まだ私が就学前の小さな頃は、よく浅草の街に連れていってくれた。

父が仕事を終えた夕方頃だろうか、当時から有名だった浅草の神谷（かみや）バーまで手を引かれて行き、父がカウンターで電気ブランを堪能している姿を覚えている。明治時代からこの店で受け継がれている、アルコール度30度とか40度のブランデーベースの強烈なカクテルだ。

私は子どもなので、当然飲むことはなかったが、その代わりなぜか父の横でオムライスを食べていた。

飲んだくれて家に帰った父は、決まったように母と夫婦ゲンカをした。浅草での父との思い出といえば、そんなところだろうか。というのは、私が5歳か6歳のとき、石神井（しゃくじい）公園のほうへ引っ越してしまったからだ。

父の仕事がなくなってしまったのだ。銭湯でも家庭でも、どこでも父の作る風呂桶を使っていたのだが、当時、プラスチック製品が急速に普及し始めて、桶が売れなくなってしまった。

そこで父は、漬物を漬けるための大型の樽を作ろうと考えたらしい。当時、よく知られていたのが、練馬大根で作る沢庵だ。その産地の近くに居を移し、出直そうとしたのだ。

小中はサッカーに夢中、ベッケンバウアー、釜本に憧れて

新しい家に引っ越してまもなく、私は小学校に入学した。勉強よりも運動が得意な子どもだった。

長嶋茂雄が巨人に入団して活躍していた頃のこと。スポーツといえば野球という時代だった。だから私も同年代の子どもたちと自然と野球をすることになったが、実は好きだったのがサッカーだった。夜中までリフティングを練習していて、早く寝ろと怒られたことを覚えている。

中学校に進学したときも、選んだのはサッカー部。だが、野球やバスケットボールに比べ、サッカーはまだまだマイナーなスポーツで、対抗試合に出ても誰も応援に来ない有様だった。

テレビでもサッカーの中継はめったになかったが、1966年に『サッカーマガジン』(月刊)が創刊され、世界中の情報が入るようになった。憧れたのがドイツのベッケンバウアーだ。華麗なプレーから「皇帝」とも呼ばれたプレーヤーだった。

サッカーで日本中が沸いたのは、中学三年のときのメキシコオリンピック(1968年)だろう。日本は数ある強豪を破り、銅メダルを獲得した。

杉山隆一、横山謙三、そして、釜本邦茂のプレーを、テレビにかじりついて見ていたことを覚えている。

準決勝では惜しくもハンガリーに敗れたものの、3位決定戦ではメキシコに2対0で勝利した。釜本の2本のゴールに狂喜した。

そんなこともあって、私はいっそうサッカーに熱を入れた。私が所属した中学のサッカー部はかなりの強豪で、区大会では私が在籍した3年の間に2回優勝し、一度は都大会で準々決勝まで進んだことがある。

当時、私は副キャプテンを務め、センターハーフ――今でいうボランチを任されていた。基本的にはディフェンス側だが、攻撃にも加わる。前も後ろも見ながら、どこを攻めるかを考える。このポジションを経験したことは、その後もずっと私に影響を与えたようだ。

シマダヤで経営に携わるようになってから、しっかりと経営基盤を固めた上で、一気に打って出る戦法は、思い返せばサッカーで学んだことが原点になっているように思う。

戦略の重要性もサッカーから学んだ。

まず、コーチの教師からたたき込まれたのが、対戦相手のことを徹底的に知ることだ。対戦相手の試合はつぶさに観戦し、要になっている選手、弱点となるポジションを見極める。

誰をマークするか、どこを攻めるか、戦術を練り、どういう流れで得点にまで結びつけるのか、戦略を固めていく。

普段の練習でも、実際の対戦相手や状況を想定して、多彩な攻め方を身体に覚え込ませていく。本番では状況によってサインを使い分け、臨機応変に攻め方を選んでいくのだ。

これもまた自分の経営スタイルに影響を与えていると思う。

たとえば、未知の市場に新規参入しようとするとき、競合にはどのような武器があるのか、弱点はないのか。それらを調べ、自社のリソースをどう使えば勝てるのかと、攻め込む戦略を立てていくわけだ。

獨協大学に進学、いずれはサッカーの指導者に

中学ではサッカーに相当入れ込んだだけあって、高校進学時には私立高校からスカウトもされた。サッカー部からはもちろん、ラグビー部からも誘いがあった。

頑強な身体と足の速さを認められたのだが、実は中3のときに大けがをして、膝の痛みに悩

まされていた。自分ではもう一線でプレーするのは無理だと思い、オファーは断り、都立の高校へ進学した。

そこでも一応、サッカー部に所属したものの、やはり膝の痛みで練習についていくことはできなかった。

大きな挫折だった。これまでのことがすべて無駄になってしまったようにも思えた。だが、それでも私はサッカーへの情熱を持ち続けた。

高校を卒業後、獨協大学に進学。大学名からも想像できるように、ドイツの文化と学問を学ぶことを目的に創立された大学（その起源は獨逸学協会学校）だが、ここを選んだのは、一つはドイツのサッカー選手、ベッケンバウアーが念頭にあったこと。もう一つは、ドイツでプロの選手として活躍した奥寺康彦氏の存在があったためだ。

奥寺氏は古河電気工業サッカー部時代に日本代表となり、のちにドイツへ渡って、ブンデスリーガ1部のケルンやブレーメンで活躍した、日本人として初めて海外のプロサッカー選手になった人だ。

私の場合は自分でプレーすることはあきらめざるを得なかったが、指導者にはなれるのではないか。いつかドイツに渡って本格的にサッカーを学びたい――そんな夢とも憧れともつかないものを当時は持っていた。

結局、それはかなわなかった。というのも、私は獨協大学を卒業すると、株式会社島田屋本店（現・シマダヤ株式会社）に入社することになったからである。

サッカーの夢をきっぱり絶ち切り、新しい人生を始めることにした……と言いたいところだが、実はそうでもなかった……。

第2章

数々の洗礼を受けたものの、人を深く知るきっかけを与えてくれた営業所長時代

島田屋本店に入社、ルートセールスで街を走り回る

1978年4月、私は株式会社島田屋本店（以下、島田屋本店）に入社した。

現在の妻、当時付き合っていた彼女の従弟からの紹介が、そもそものきっかけである。彼は証券会社の公開引受部に勤めていて、有望な会社があると島田屋本店を紹介してくれたのだ。

そんな事情もあってあっさりと内定を得ると、埼玉県の浦和営業所の配属になった。職種は営業で、2トン車の小型トラックを運転して、商品を配達する仕事だった。島田屋本店ではおなじみのルートセールスである。

当時、島田屋本店では、自社が作るうどんをはじめ、一般の食品や菓子、調味料、雑貨まで、関東一円でなんでも配送を行っていた。

関東の1都6県にあった営業所や出張所は全部で27カ所あり、そこを拠点に小型トラックに商品を積み込み、各ドライバーが決められたルートを回る。トラックは総数270台に及んだ。

私の場合も浦和のいくつかのエリアを担当することになり、毎日30～35の店に商品を配送した。配送先は八百屋や肉屋だ。島田屋本店が作るうどんやそばを求めているうどん屋もあれば、

食材や調味料が必要な小売店もあった。豆腐屋や納豆店なども顧客で、複数の店舗を持つ大手チェーンも顧客だった。

私は浦和営業所に付属する独身寮に住み込むことになった。毎朝5時に起き、自分の2トントラックに商品を積み込むところから一日が始まる。1時間ほどかけて積み込んだあと、営業所長の奥さんが作る朝食を食べ、6時半には出発する。30〜35店を回って帰るのは夕方の4時、5時になった。

島田屋本店に入社して、最初に配属された浦和営業所（1981年6月頃撮影）

仕事は月曜日から金曜日、水曜日は半ドン、つまり半日の出勤と聞いていたが、現実には月曜から土曜までびっしりと仕事をしなければならず、半ドンの日などなかった。むしろ日曜日が休みのため、土曜日は2日分のルートを回ったほどだ。

島田屋本店で作るうどんはもちろん、当時の食材は日持ちがせず、毎日、運ばなければならなかったのだ。

「おい、うどん屋」と呼ばれるのが悔しくて

早朝5時から働いて、帰ってくるのは夕方の4時か5時、翌日が休日である土曜日は2日分配送するため、さらに遅くなる。一日最低11〜12時間は働いていることになり、今でいえばブラック企業そのものだが、当時はどこもこのような実態だった。

また、私はサッカーで鍛えていたこともあり、体力には自信があった。一日12時間働こうと、休みがなかろうと、それほど苦にはならなかった。

むしろ悩まされたのが「お前、大卒なのか」という視線だった。実は私は島田屋本店では珍しい大卒社員だった。

同僚はもちろん、上司も中卒や高卒だ。「お前なんかにこんな仕事ができるのか」。そうダイレクトに言われたことはなかったものの、いつもどこからも、そんな視線を感じずにはいられなかった。

つらいと思ったことはほかにもあった。取引先の人から「おい、うどん屋」と呼ばれることだ。どこか人を見下した言い方にむっときたが、もちろん顔に出すことはなかった。

浦和営業所の前で社員一同で記念撮影。後列右から２番目が筆者

体力には自信があっても、このようなことが重なると気持ちの上でつらくなる。毎日毎日、同じようにトラックを走らせ、荷下ろしをする仕事に疑問を持ったことがなかったといえばウソになる。

それでも仕事を続けられたのは、いつでも辞めてやる、といういわば開き直りの気持ちがあったからかもしれない。

サッカーをきっぱりあきらめて就職したわけではなかったと書いたが、就職してからしばらくの間は、まだサッカーの指導者になれる道があるのではないかと希望を抱いていた。こんな仕事はいつでも辞めて、またサッカーをやってやる。そんな気持ちがあったから、かえって続けられたのかもしれない。

私は決して会社に忠誠を誓うような社員ではなかった。

ダントツの成績で表彰、ご褒美のハワイ旅行なのにヘトヘトに

もう一つ、続けられたのは、やはり生来の負けん気があったからだろう。

「大卒なのか」という言葉には、大学を出ているのに、中卒や高卒と変わりない仕事をしていていいのか？　そう、後ろ指をさされているような響きを感じた。

それでは、大卒にふさわしい仕事とはどういうものなのだろう。ルートセールスという仕事そのものは当時の自分では変えようもない。だとしたら、その仕事でダントツの成績をあげることが、大卒の仕事ということになるのではないか。

営業所では、ルートセールスに携わる社員の売上がグラフ化され、張り出されていた。ここでダントツの成績をあげれば、誰の目にも明らかになり、何も言われなくなるに違いない。

売上を上げるには、一店舗ごとの注文を増やしていくしかない。顧客の顔を一人ひとり思い浮かべながら、誰にどのように語り、何を売っていけばいいのかを真剣に考えた。

だが、結論からいえば、やはり売上の高いところを集中してセールスするのが効率的だ。一日3000円、5000円の売上のところにいくら力を入れても、増やせる額はたかが知れて

いる。一日10万円の顧客を集中的に攻めて、10％引き上げられれば１万円の売上増、50％ならば５万円増になる。

各店にとっても、それで自店の売上が上がれば嬉しいに決まっている。私は、話題を呼んでいる新商品、ほかの店で売れている商品など、あちこちの店に回っているからこそ得られる情報を顧客に伝えるようにした。

先方に喜んでもらいながら、取り扱いは増え、売上は上がり始めた。３カ月もしないうちに、私は営業所で一番の成績をあげるようになっていた。営業所内に張られたグラフで、まさに「ダントツの成績」を常にあげるようになったのだ。

「大卒なのか」という言葉は聞かれなくなった。それは本当にみなそう言うのをやめたのか、私が自信をつけたために気にならなくなったのか、おそらくその両方だろう。

成績をあげればそれが面白くなり、さらに売上を上げたくなる。波に乗って売上を伸ばし続けた私は、２年後には全社で表彰を受けるほどになった。全27営業所・出張所の中で、確か３名か４名が選ばれ、賞品はなんとハワイ旅行だという。

当時、ハワイへ行くことは日本人の憧れで、ステータスの一つでもあった。大喜びで急いでパスポートを取り、念入りに準備をして出かけたものの、実態は、共栄会の旗持ちだった。

売上が上位の社員への賞品としていただいたハワイ旅行でのひとコマ。後列中央が筆者

共栄会とは、島田屋本店のお得意さんたちで作る組織で、年に一度、ハワイ旅行などの企画を実施していた。その世話係を命じられたのだ。

さんさんと降り注ぐ陽光のもと、青い海を眺めながらのんびりした時間を満喫できるかと思いきや、朝から晩まで、共栄会の参加者の世話にかり出された。誰もが海外には慣れておらず、時には無理難題も持ち上がる。

こんなことなら仕事をしていたほうがよっぽどマシだと思ったが、ハワイに来てしまった以上、逃げ場はない。ヘトヘトになり、帰路についたときはほっとしたことを覚えている。

入社2年目で結婚、給料は妻が遥か上

ここで妻とのことを少し話しておく必要がある。妻は小学校の同級生だ。

当時、私の通っていた小学校では同学年で４クラスほどあり、２年に一度はクラス替えがあった。つまり、６年の間に２回クラス替えがあったわけだが、妻とはずっと同じクラスだった。中学も同じ学校に進んだが、そのときは毎年クラス替えがあり、３年生の１年間のみ一緒だった。

だからといって、当時からお互いに好意を持っていたかどうかはわからない。だが、何かと縁があったのは事実かもしれない。

高校は別々の学校へ進学し、それから会うことはなかったが、高校３年のとき、最寄りの駅でばったりと再会した。

二人とも通学でずっと同じ駅を利用しており、それまで会わなかったことのほうがおかしいのだが、なぜか、そのときまで会うことはなかったのだ。

クラス会でも開こうかということになり、そこから付き合うことになった。

その後、私は獨協大学へ、彼女はＡＮＡ（全日本空輸株式会社）へ就職したが、付き合いは続いた。大学卒業時、彼女の従弟の紹介で島田屋本店へ就職したのは既述の通りだ。

結婚したのは、私が就職して２年目の１９７９年のこと。このとき、私はまだサッカーの指導者という夢をあきらめきれず、会社とはできるだけ距離を置こうとしていた。

会社では、社員が結婚する場合、仲人を社長にお願いすることが通例となっていたが、それを避けて、仲人は立てないことにし、また、結婚式は日曜や祝祭日ではなく、月曜日にした。月曜には、島田屋本店の経営会議や取締役会が開かれる。会社の人を招待できない口実にしようとしたわけだ。

そして１９７９年10月15日、中野サンプラザで結婚式を挙げた。サンプラザは当時はまだピカピカのビルで、最上階から見える急傾斜の壁面が、斬新なデザインだった。２０２３年７月に閉館となったが、今でも思い出深い場所だ。

私は浦和営業所の独身寮を出て、二人で南浦和の公団に住み始めた。しばらくは妻と二人で共稼ぎだった。妻の給与は私の１・５倍以上だった。

営業所長に昇格、だが、事態は予想を超えて

２年後の１９８１年に長男が生まれ、そのまた2年後の１９８３年には長女が生まれた。その間の１９８２年、浦和営業所長に就任したため、私の仕事は大きく変わることになる。27歳での所長就任は異例だった。会社で数少ない大卒だったから、そして、ルートセールスで好成績をあげたからだろうが、嬉しい反面、悩みは増えた。

一つは営業所のメンバーは全部で12名いたが、そのうち私より年下は1名だけ、あとは年上ばかりだったことだ。彼らとどのようにコミュニケーションを取ればいいのか、営業所をまとめるのに苦労することになった。

もう一つの大きな悩みが、妻のことだった。

営業所長になれば、その妻は、営業所の寮に住み込みで働く社員たちの食事を用意するなど、あれこれ面倒を見ることが慣例となっていた。つまり、寮母として入所することが会社の決まりだったのだ。

私自身、入社してルートセールスを始めた当初から、毎朝、当時の浦和営業所長の奥さんが

作る食事を食べてルートセールスに向かい、夜も夕食を作ってもらっていた。

妻にその役割を求めるとなれば、当然、ANAは辞めてもらわなければならない。結婚退職が珍しくない時代だったとはいえ、私自身、抵抗があった。なにしろ妻は、私よりも遥かにいい給料をもらっていたのだ。そんなところを簡単にあきらめるだろうか。

そんな事情もあって、私は一度は浦和営業所長への異動を断った。だが、妻のほうは覚悟が決まっていたようだ。「大丈夫、がんばるから」と言われたときは、正直、涙が出た。

むしろ、妻の父親から抵抗があった。

「娘を寮母にするために嫁がせたわけではない」

正確な言葉は忘れたが、そのようなことを言われて、けっこう落ち込んだ。やはり、私が島田屋本店を辞めるべきなのではと真剣に考えた。

しかし結局、妻が義父を説得してくれたようだ。最初の山はこうしてなんとか乗り越え、営業所長としての仕事が始まったのだが、まだまだ序の口に過ぎなかった。以後、予想もしなかったことが次々と起こっていく――。

物流合理化の要、大宮センターのセンター長に就任したものの……

予想もしなかった最初の出来事は、浦和営業所長に就任した翌１９８３年、浦和営業所が大宮営業所と合併したことである。

私は、新しくなった大宮センターのセンター長兼営業所長となり、部下は一気に76名になった。浦和営業所での部下は12名だったので、いきなり６倍以上の人員をまとめる立場になったわけだ。しかも、従業員の大部分はパートの女性と若いアルバイトだった。

それだけでもめんくらったが、さらにあわてたのが、大宮センターには、センターと名がつく通り、ルートセールスの営業所の機能だけでなく、商品の仕分けや得意先のセンターに配送する、物流センター機能が加わったことだ。

島田屋本店のルートセールスは、チルド麺を各小売店へ配送することから始まったが、関東一円の配送網を生かして、他社商品（仕入商品）を麺類と同時に配送することになった。他社商品は、日に日に増えていた。

ルートセールスの社員は早朝、担当ルートの予定商品を大量の商品から仕分け、自分のトラックに積み込み、各小売店を回っていた。

当初は、ルートセールスの社員自身がこの作業を行っていたが、扱う商品が増えていくにつれ、商品の仕分けやトラックへの積み込みに時間がかかるようになった。結果、配送に間に合わなくなるケースも頻発するようになってしまった。そこで、配送前日の夜間のうちに、配送ルート先ごとに商品のピッキングをまとめて行うためにできたのが、物流センターだ。大宮センターでは、毎朝、配送ルート先ごとに仕分けした商品を北関東を中心とした得意先のセンターへ送り届ける。

大宮センターには、昭島センターから大量の商品がひっきりなしに送られてくる。それらの商品を所定の棚に並べる。そこからピッキング部隊（主にパートの女性や若いアルバイト）が、商品を選んで抜き取り、顧客である店ごとにピッキングしていく。

各営業所や出張所のルートセールス社員は、ピッキングされた商品を自分のトラックに詰め込み、ルートセールスへ向かえばいい。早朝の作業に忙殺されることがなくなり、効率が上がるというわけだ。これで大幅な合理化が実現すると思った。

とはいえ、そう絵に描いたようにはいかないのが現実だった。

トラブルの連続、夜中もたたき起こされて

大宮センターには、絶えず昭島センターから商品が運び込まれるので、それをバラして棚に並べ、ピッキングしていく作業はいつも夜中まで続いた。その後、深夜から早朝にかけて得意先センターに向けて出荷し、その日の仕事が一段落する。だが、そうこうしているうちに次の商品が続々と運び込まれてくる。

つまりセンターは24時間、稼働しっぱなしというわけだ。

入荷・出荷がスムーズに進めばいいが、現実にはそうはいかない。

「ピッキングしようとしましたが、商品がありません」

「届いた商品が違っていたとお客様から怒られました……」

当時、顧客のなかにはコンビニエンスストアチェーンのような、大手企業もあった。欠品しようものなら大問題だ。

そして、こうしたありがたくない問題は、しばしば直接、私のところへ持ち込まれた。

島田屋本店では、営業所・出張所の責任者は、そこに住み込むのが慣例となっていた。前述

したように、妻が住み込みで働く社員たちの食事の世話をするぐらいだ。営業所長当人も、24時間体制で仕事をして当たり前というわけである。

もちろん大宮センターも同様だった。センター機能とともに、ルートセールスの営業所の機能もある。私の住まいはセンターの2階にあり、私は毎朝、そこから降りてきて仕事を始めていた。

日中ならば、問題が起きても部下に対処してもらうことができた。だが、夜中ではそうはいかない。

誰もが、私がここに住んでいることを知っている。だから問題が起きれば、たとえ夜中であってもたたき起こされた。プライバシーも何もあったものではない。

トラブルはしょっちゅう起こり、そのたびに起こされ、それが何度も続けば、「勘弁してくれ……」という言葉が喉元まで出かかる。だが、仕事が進まず青ざめている若いアルバイト（夜のピッキングはアルバイトが多かった）を相手に、そんな泣き言を言えるわけがない。

ついに妻も「実家へ帰らせていただきます」と置き手紙

問題は、商品の入荷や出荷ばかりではなかった。

センター長になって初めて迎えた年の暮れの話である。

年末になるほど仕事は忙しくなり、気がつけば大晦日になっていた。私はセンター2階の自宅には、食事するときぐらいしか帰っていなかった。それほど多忙を極めていた。

大晦日も夜中まで働いて商品を送り出し、これで年が越せる、家に帰れると気を抜いたところ、なんと翌1月1日にも出荷しなければならない商品があるという。しかも、それは大手コンビニチェーン向けの大量の商品だ。1月1日の午前中に出さなければ間に合わない！

えっ、元日だぞ、人はいるのか？　出勤予定を見ると、当然ながら、みな休みを取っていた。当たり前だ。1月1日ではないか……。

まったくうかつだったが、年末の目の回るような忙しさに振り回され、元日のことまで考えが及ばなかったのだ。1月1日ぐらいはみんな休んで当然、まさか出荷の仕事があるとは考えてもみなかった。

今さらパートの女性を呼ぶわけにもいかない。センターで働いていたパートの女性たちは、家に帰れば主婦としての仕事があり、年末年始ともなればやることは山ほどある。

むしろ、12月31日までがんばってここで働いてくれたことに感謝しなければならない。大晦日の夜中に、突然、元日に仕事に出てくださいなどとは、とても言えるものではない。

アルバイトも集められない。今のようにネットですぐに情報を流すような仕組みはなかった。

では、いったいどうすれば……!?

あわてて本社の担当セールスに電話して、何人かの社員に応援に来てもらうことにした。猫の手でも借りたいとはこのことだ。

こうしてなんとか集まってくれた社員と深夜からピッキングに取りかかり、1月1日の午前10時過ぎに辛うじて作業を終えることができた。どっと力が抜けた。センターの仕事が、こんなに大変だったとは……。

とはいえ、大きな仕事をやり終えた満足感もあり、私は、手伝ってくれた社員へのねぎらいもそこそこに、シャワーを浴びに2日ぶりに家に帰ることにした。

そしてそこでは、またもや大問題が待ち構えていた。

ドアを開け「おーい、帰ったぞー」と言っても返事がない。この時間ならば、子どもたちも起きだしてドタバタしているはず。だが、そんな気配は一切ない。しんと静まり返っている。

誰もいない。家はもぬけの殻だった。

わけがわからないまま奥へ進むと、食卓に置き手紙があった。

「実家に帰らせていただきます」

ガーン……。

人生でこれほど驚いたことはなかった。

早々に帰ってきた妻が取った驚きの行動

いやいや、考えてみれば当然だった。

妻は日頃から、住み込み社員の食事の世話で大わらわだ。一方、夫の私はというと、12月になってから忙しさのあまり家を空ける日が続き、次はいつ帰れるのかわからない有様だった。

元日ですら姿を見せないつもりなのか。

妻がそう考えてもおかしくはなかった。

正月でさえ家族揃って過ごせない。そんな状況に愛想が尽きたのだろう。

しかし、こちらもへトへトだ。頭では理解できても、もう身が持たない。私はその場にへたり込んでしまった。

そのときだ、表で自動車のエンジン音が聞こえた。トラックではない。乗用車のエンジン音だ。窓から見るとタクシーだった。妻が二人の子どもとともに帰ってきたのだ。

家に帰ってきた妻は私を一瞥すると、子どもを家に置いたまま、何も言わずにまた外へ出ていってしまった。おいおい、いったいこれはどういう……？　そう問いかけるまもなく、あとを追いかけると、妻は、下で休んでいた、応援に来てくれた社員に何かを差し入れている。

社員の一人は、なんと子ども二人を連れて応援に来てくれていた。妻はその子どもたちのために、大宮駅前のマクドナルドでハンバーガーを買ってきたのだ。元日に開いていた店は、マクドナルドぐらいしかなかったのだろう。

その後、妻は何事もなかったかのように家に戻っていった。私一人が取り残され、わけもわからず呆然としていると、社員たちがやたらと頭を下げる。どうやら私が妻に指示して、差し入れを用意させたと思っているらしい。私は作り笑いをしながら、うなずくしかなかった。

妻は、本当に実家に帰るつもりだったのだろうか。途中で気が変わったのか。それとも置き手紙は単なる脅しに過ぎなかったのだろうか。真相は今もわからない。

妻に聞けばいいじゃないか、そう思うかもしれない。だが、私は聞いていない。

なぜなら、応援に来てくれた社員に気遣ってくれた妻に、私は内心、深く感謝しつつも、今もそれを言葉にできていないからだ。

夫はいつも堂々としているもの、妻にたやすく礼を言うものではない。ましてや妻のご機嫌を取るようなマネなどすべきではない。

――その頃は、そんな風潮の時代だった。いや、時代のせいにするのはやめよう。私自身、そう信じていた。

だから、今もってそのときの感謝の気持ちは口にしていないし、だから真相も聞けていないのだ。

だが、この場を借りてはっきりと記しておきたい。

あのときは、本当にありがとう。

コミュニケーションの第一歩は、人を知ること

その後も大宮センターでは、難題が次から次へと持ち上がった。そのたびに大勢のパートの女性たちやアルバイトに助けられ、社員にも助けられた。そして、妻に助けられた。

私はまだ30歳前の若造で、センターで働く76名中、年下は3名しかいなかった。親父やお袋の年齢とまではいかないが、40代、50代の人とどう接していけばいいのか。お互いの距離を縮めていくにはどうすればいいのか。それが本当に悩みの種だった。

悩んだけれど、やはり家族のことも含め、その人のことを深く知ることが解決策だと気がついた。機会があれば話しかけるようにし、飲みに行くようであれば一緒に行き、飲みニケーションを図った。

その結果、40代、50代の人たちに多くのことを教えられた。

ずっと年上の女性の社員に、まだ当時は小さかったウチの子どもたちの面倒を見てもらったこともある。どこから聞きつけたのかわからないが、「奥さん、怒ってるよ」と耳打ちしてくれた人もいる。

会社とは距離を取り、いざとなれば辞めてサッカーの指導者に……。そんな中途半端な気持ちで働いていた自分を深く反省した。

そして、一緒に働くおばちゃん、おじちゃんにも、みんなそれぞれ家族があり、生活があり、人生があることに思いを至すようになった。

そんな人たちと接して、きちんとコミュニケーションを取り、信頼関係を築いていくことがどれほど大事なことなのか。センター長を経験したことで、そのことがよく理解できた。

振り返ればそんな経験は、のちのち、マネジメントしていくあらゆる場面で生きることになった。

部下については、プライベートなことまで知るようにした。雑談でも家族のことまで踏み込んで聞いた。そこまでわからないと、本当の意味でのコミュニケーションはできないと思ったからだ。

現在は、そこまでズケズケと聞いてはいけないようだが、当時はそうではなかった。みな、同じ釜の飯を食う仲間である。私は確信を持って誰とでも話をするようにしていた。

人のことを深く知ろうという姿勢は、私の生き方そのものになっていった。

「木下さんは人のことをすごく知ってますよね」と言われることがあるが、それは大宮センター長の経験があったからだろう。
私にとって大宮センターで得られた経験は、本当に大きなものだったのだ。

第3章

真の食品メーカーになるため、組織の大改革に邁進

日頃の不満をぶちまけた面談、反応は意外なことに

悪戦苦闘の大宮センターでの3年間を過ごしたあと、１９８６年、私は本社へ異動になった。企画部の課長代理となり、会社の改革に携わることになったのだ。

当時、会社はいろいろな意味で揺れ動いていた。

一つは、利益の取れない体質についてである。

１９７０年代から島田屋本店は事業を急拡大させ、売上もまた大きく伸びていた。だが、利益はというと横ばいか、むしろ減少傾向にあった。

大宮センターの設立からもわかる通り、急速な事業拡大に伴って投資がかさんだことが考えられたが、現場の混乱を見ていると、経営そのものに根本的な問題があるようにも思えた。

そしてもう一つ、誰もが不安に思っていたのが、大手食品メーカーとの提携だった。

話は、私が本社に異動になる1年前の１９８５年にさかのぼる。その年、大手食品メーカーは翌年に島田屋本店の筆頭株主になることを見据え、一部の役員を島田屋本店に送り込んでいた。

効率の悪い経営をしているが、内部から変えるには限界がある。そこでマーケティングの手法を導入するなど、経営そのものを抜本的に見直したり、食品業界のなかでも有数の大手企業から学んだりしようというわけだが、いったい会社はどうなるのか……。

会社全体が不安にかられていたようだが、当時の私は、大宮センターの業務の大混乱のさなかにいて、目の前の課題を解決するのに精一杯だった。大手食品メーカーとの資本提携は、遠い世界でのことのように思えた。

ところが、年が明けた１９８６年の１月になると、事情が変わってきた。

営業所や出張所、センターの責任者と、経営陣との面談が始まったのだ。その面談者のなかに、大手食品メーカーから来た副社長も同席するという。

私は、これは千載一遇のチャンスだと考えた。こうなったら現場の問題を一切合財知ってもらおうと決意したのだ。

面談の日、私は、現場がいかに大変かを熱心に説明した。というよりも、日頃の不満をぶちまけた、といったほうが正確だろう。

こちらは早朝から深夜まで働き詰めだ。年末年始こそ応援に来てもらったが、普段は応援を求めて連絡しようにも、本社では夕方６時を過ぎれば電話にも出ない。

スマホはおろか携帯電話もまだない時代のことである。ほかに連絡の取りようはなく、自分たちでなんとかしなければならなかった。

こちらは24時間体制で働いているのに、本社の連中は8時ー5時の楽な仕事をしている。仕事のあとは恵比寿の繁華街で一杯引っかけているに違いない（当時から島田屋本店は恵比寿にあった）。いい気なもんだ――私はそのように本社の社員をイメージしており、話しているうちについつい興奮して、気がつけば徹底的な本社批判を展開していた。

営業所や出張所、センターという現場と本社とは、いろんな意味であまりに距離があり過ぎる。そんなことも言った。

未払い金を肩代わりしろとは、どういうことだ！

不満の種はほかにもあった。

大宮センターで、得意先が倒産して不良債権が発生したことがある。

地域で数店舗を持つ小売りチェーンが起こした問題だ。数店舗の規模とはいえ、その経営者は当時の上司であった地区部長とは旧知の仲で、規模の割に売上は多かった。しかも時期は12月、1年で最も売上が上がる時期である。

通常、月末までに現金か小切手で代金は支払われるが、その年は「忙しいからあとにしてくれ」と言われ、信じたのが間違いだった。年明けにルートセールスの担当者が訪れると、本部も店ももぬけの殻。経営者も社員も、夜逃げ状態で姿をくらましたのだ。

踏み倒されたのは数十万円だったが、問題はそれだけではなかった。

本社に報告すると、その数十万円をセンター長である私が支払えという。そうしなければ、以後3年間、評価を最低にするというのだ。

これには頭にきた。

こちらが気づかず、管理が甘かったことは認める。だが、取引先はいくつもある。いつどこでトラブルが起こるのか、予想などできるはずがない。会社の損失をセンター長個人に補塡させようとはどういうことだ！

さすがに私は「やってられない」と辞表を書きかけたが、思い直して自腹を切ることにした。冷静に計算すれば、3年間、最低評価でボーナスから削られる額よりも、今払ってしまったほうが、まだ安いと打算が働いたからだ。

面談では、これらの出来事にも触れながら、困ったときには何も助けず、トラブルが起きれば、その責任も負担も現場に押しつける。そんな本社はいったいなんなんだ、と面談者に詰め寄った。

「私は本社をまったく信用できません。本社が何もしてくれないのなら、我々はボランタリーチェーンのようなものです。ならば我々は、我々で生きていきます」

今から思えば非常に生意気だったが、そう啖呵も切った。

面談に来た役員たちの反応は意外だった。まったくひどい話だ——それは変えなければいけないと、私に賛成してくれたのだ。

呆気(あっけ)に取られたが、そのひと月後、私は本社への異動の辞令を受け取った。肩書きは企画部の課長代理、職務は「島田屋本店の改革」とあった。面談官の一人が、私の上司になった。

同じように営業所や出張所から本社へ異動することになった社員は、私も含め全部で4名。いずれも、本社への批判を徹底的に展開した社員ばかりだった。

やがて知った「鍵を閉めて帰れ」の真意

売上の急激な増加に伴う現場の大混乱と、売上は上がっても利益が取れない非効率な体質。それらは一つの大きな問題である。

経営陣はそれをなんとかしたいと本気で考えている。そして、それはどうやら大手食品メーカーから来た役員の影響が大きいようだ。そんなことが見えてきた。

そしてその問題を解決するため、よくいえば問題意識の高い4名が、悪くいえば不満で爆発寸前の4名が、抜擢されたということらしい。

確かにそのあと、ことあるごとに上司から言われたのが、

「お前らが島田屋本店を改革するんだ」

「お前らが言ってきたことを実現するんだ」

という言葉だった。

言うまでもなく、お前らとは、本社に異動になった4名の若手のことである。

だが、当初、私は自分に何を期待されているのか、具体的に何をすべきなのかまったくわか

らなかった。上司である副社長（企画本部長）に「何をやればいいんですか？」と聞いたこともある。返ってきた返事は「本社の玄関の鍵を閉めて帰れ」だった。いったいどういう意味なのか？　納得できるどころか、ますます当惑するばかりだった。

やがてわかったのは、「本社の玄関の鍵を閉めて帰れ」とは、本社で一番最後に帰れという意味だということ。誰かが残業している間は帰れない。本社の人間がどれほど働いているのか、自分の目で見ろというわけである。

上司は、私が面談で「本社が楽をしている」と言ったことを覚えていたのだ。

翌日から上司の命令通り、本社で一番最後に帰ることにした。当初は確かに6時とか6時半には、私は本社の鍵を閉めて帰路についた。ところが、ひと月もしないうちに、それがどんどん遅くなっていった。

私自身、仕事に追われることになったためである。毎日のように上司は私に宿題を出し続けた。「いつまでに？」と聞けば、「明日の朝までに」と返される。

上司本人は毎日5時半には退社するのに、私は残って宿題に取りかかる。徹夜になることもしばしばだった。8月になる頃には、週に3日は会社に泊まり込まねばならないほどだった。

だが、その課された宿題がその後、生きることになる。しばらくして大改革が始まったからだ。掲げられた方針が「自社品に全力で傾注する」こと。そして「物流業から真の食品メーカーになる」ことだった。これはどういう意味なのだろうか？

猛反発をくらった40億円の仕入商品の整理

営業所や出張所はどんどん増え、それに伴って売上も急増している。だが、会社全体の売上が220億円あるにもかかわらず、経常利益は1億円ほどだった。利益は横ばいどころか、下降気味でもあった。

なぜなのか？　どこに原因があるのか？

それはルートセールスで、何も考えずになんでもかんでも売っていることにあった。

もともとルートセールスは、島田屋本店で作るうどんやそばの麺類の配達のために生まれた仕組みだ。作りたてのうどんやそばを、その日のうちに食べていただけるよう、早朝に製造して、そのまま届けるのである。

だが、飲食店や小売店など顧客の要望に応じて、他社の仕入商品も扱うようになっていた。

私が入社まもない頃、ルートセールスで自転車を売ったこともある。一人何台売るかという競争をさせられ、言葉巧みにセールスして売りまくったが、安かろう悪かろうの典型的な商品で、すぐに故障した。買った顧客からはずいぶん怒られたが、修理や返品などは当初から考慮もされていない。

「島田屋はだましやか」と言われながら、ひたすら頭を下げるしかなかった。

極端な例ではあるが、この自転車は確かにルートセールスの問題点を象徴していた。仕入商品の利幅は極めて小さく、質は必ずしもいいものばかりではなかったからだ。

売っても売っても儲からず、信用だけが失われていく。会社全体が、そのような事態に陥っていた。

ではどうすべきか。

それを実現するのが、今回掲げられた方針の一つ「物流業から真の食品メーカーになる」こと。利益が取れない仕入商品を扱う「物流業」をやめるのである。そしてもう一つの方針である「自社品に全力で傾注する」。自社で作るうどん、そばなど麺類の製造と販売に集中し、利益を上げようというわけである。

もう一人の先輩の課長代理とともに、私は約半年をかけて40億円分の仕入商品を整理した。

当時の売上２２０億円の約20％弱に相当する仕入商品をバッサリと切り落としたのだ。

これには相当な抵抗があった。

一つは顧客たちからだ。それまで取り扱っていた商品が入手できなくなるのだから無理もない。

そしてもう一つは関連会社からだ。

島田屋本店では、関東一円に27の営業所・出張所などの拠点があり、総数２７０台のトラックでルートセールスを行っていると述べたが、そのすべてが自社によるものではなかった。

全体の５割ほどが関連会社の社員で運営されており、そこでルートセールスに携わる社員は、コミッション制で働いていた。自分の売上に応じた報酬を受け取る仕組みだ。

ルートセールスで扱うアイテムを大幅に減らし、その削減額が売上の20％にもなれば、一人ひとりの社員の売上もそれだけ落ちる。その分、報酬も減る。

猛反発があって当然だろう。

力を入れようとしている自社商品の売上に対するコミッション率を上げるなどして対処したが、それで減った分が補えるわけではなかった。

会社に抗議の電話がかかり始めた。抗議というよりは、嫌がらせや、脅しといったほうがいいだろう。

どこでどう調べたのか、私の自宅にまで嫌がらせの電話がかかってくるようになった。私は仕事で家に帰れず、家には妻と子どもだけがいることが多かったが、そこへ日中はもちろん、夜中にも電話がかかってきた。家族には、たいそう怖い思いをさせてしまった。

私自身、会社で嫌がらせや脅しの電話を受けることもあり、そのたびに、本当にこんなことをやっていていいのか、改革は正しいのかと、迷いが生じたこともある。だが、会社と上司を信頼して、突き進むしかないと覚悟を決めた。

変革といっても、決してきれいごとではすまない。大変なことなのだと、心の底から知った出来事だった。

間違った食べ方をそのまま商品化!?「流水麺」開発へ

仕入商品の取り扱いをやめれば、自動的に自社商品の割合が高くなるわけだが、それで満足するわけにはいかなかった。

「自社品に全力で傾注する」方針実現のために、売れる商品はさらに売れるような方策を練り、売れない商品は売り方を変えたり、思い切って廃販にしたり、大幅な整理を進める必要があった。

そればかりではない。「自社品に全力で傾注する」ために何よりも必要だったのが、新商品の開発だった。

手がかりの一つとなったのは、上司から命じられた宿題だった。その宿題のために、たびたび徹夜もして仕上げた資料が役立つことになったのだ。

なぜ儲からないのか、という疑問を解くため、私は過去の会社の月々の売上と経常利益を調べ、その推移をグラフにした。すると、我が社の傾向がくっきりと見えてきた。

12月、1月、2月は売上も利益も上がるが、3月になると落ち着き、4月、5月には赤字に陥ってしまう。6月になると、冷やし中華が売れ始めて売上は上がるものの、依然、利益は出ず、そのまま夏、秋が過ぎ、11月頃まで利益は出ない。12月になると、茹で麺と年越しそばでまた売上と利益が上がっていく。特に、年末の年越しそばに関しては、島田屋本店は関東で圧倒的な強さを誇っていた。

端的にいえば、上期（12～5月）に稼いで、下期（6～11月）*にその利益を食い潰す――当

*当時の決算月は11月

時の我が社は極端な「上期偏重型」の体質だった。冬に強く、夏に弱い、と言い換えてもいいだろう。

では、どうすればいいのか。答えは明らかだった。弱点である夏に売れて儲かる商品を新規開発するのだ。

その糸口になる調査があった。島田屋本店が大手広告代理店とともに行った、関東一円の約2000人の一般消費者を対象にした大規模な調査である。

なぜ、夏に茹で麺を食べないのかをテーマに、アンケートはもちろん、グループインタビューなどで消費者の本音を探ったものだ。

弱点の夏を克服するために相当力を入れた調査だったが、ある意味、結果は予想通りといえた。

夏に茹で麺を食べないのは、蒸し暑いなか、さらに暑い思いをしたくないからだ。

当時の住環境はといえば、冷房は今ほど普及しているわけではない。麺を茹でるために鍋でお湯を沸かせば、ただでさえ蒸し暑い室内が耐えられないものになる。

簡単にいえば、それが消費者の答えだった。当然の結果だろう。

とはいえ、疑問は残った。

夏にはそうめんや冷や麦は食べる。それも茹でているはずだ。水で冷やすので手間はさらにかかっているはずだが、多くの人はそこに抵抗感は持っているようには思えない。

同じ茹でるにしても、食べるときに冷たければそれでいいのか。うどんに比べて、茹でる時間が短いので、そうめんや冷や麦は我慢できるのか。

おそらく長年の習慣で、そうめんや冷や麦は茹でて冷やして食べる、ということに抵抗はないのだろう。

習慣という点でいえば、うどんは特に冬場、茹でた麺を熱いうちにつゆに入れ、さらに煮込んで食べるのがうまい。

夏のそうめん、冬のうどん。どちらも長年の習慣であり、多少、不合理な点はあっても、誰もが抵抗なく食べ続けている、ということなのだろう。

このように若干、気になることは残ったものの、ごく当たり前の結果に我々は失望すらした。こんな当たり前のことを今さら指摘されても、どうしようもないではないか。そう思ったのである。

気になるといえば、次のような結果も出ていた。だが、これについては当初、誰も気にとめなかった。

少数ではあったが、夏でも冷たいうどんを食べている人がいたのだ。その人たちのなかには、茹でずに食べている人もいた。約8％の人たちは、袋に入った茹で麺を水に流してほぐしたり、そのままつゆにつけて食べていたのである。

麺類のプロを自称する我々島田屋本店の人間からすれば、考えられない行為だった。島田屋本店が作るうどんはチルドで衛生的であり、作りたては柔らかくとも、時間とともに硬くなる。おいしく食べるためには、茹でなければならない。のどごしのよさも、茹でるからこそ実現する。

水でほぐして食べるなんて、手抜きもいいところだ。そんな「間違った食べ方」は正さねばならない。

会議に出席した社員の多くは、正しいうどんの食べ方を伝えなければと考えた。私も、「商品の裏面の作り方に強調して『茹でて食べてください』と書き加えましょう」と提案したほどである。

だが、それに異議を唱える人物がいた。この調査を実施した、大手広告代理店の担当部長だった。

「いやいや、むしろ、この8％の人たちの割合を、大きくしていけばいいんですよ」

いったい何を言っているのか、初めはまったくわからなかった。

「そんな商品を作ればいいんです」

どんな商品？　えっ？　水でほぐすだけで食べられる麺のこと？

そんなバカな……。多くの社員は冗談かと思ったに違いない。そうでなければ、この人は麺のことを何も知らないのだ。あきれるしかなかった。

だが、そんな冷たい空気などまったく意に介せず、その担当部長は続けた。

「そうですよ。作りましょう。そうしましょう！」

「流水麺」の概念が生まれた瞬間だった。

「うどんの刺身か」「月に行くより難しい」と言われて

頭をガーンと殴られる思いだった。うどんは茹でて食べるもの。その常識を覆す発想だったからだ。

「そんなもの、食べられるか！」

そんな声があったことも事実。だが、議論の末、我々は「流水麺」の開発に着手することにした。

まず、技術的に可能なのだろうか。

研究所は、最初は抵抗した。所長が「うどんの刺身を作れっていうことか？」と、あきれていたのを覚えている。部長は、この開発を「月に行くより難しい」とも表現した。

だが、数カ月後、配合ができあがった。詳細を明らかにするわけにはいかないが、ヒントになるのがタピオカ澱粉であるということだけは記しておこう。

ひと頃、丸くてモチモチしたタピオカを冷たい飲料に入れ、太いストローで吸い込んで食べるのが流行ったが、タピオカの原料はキャッサバという植物の根から取れる澱粉である。

麺類に澱粉をうまく配合することで、タピオカのような、冷たくともモチモチと柔らかく、ツルツルとしたのどごしの麺を作ることができるのだ。

従来、澱粉と麺類は相性が悪かった。麺に求められるコシをなくしてしまうからだ。過去に試みられたこともあるが、できた麺はコンニャクや白滝のようになってしまっていた。

だが、澱粉を供給してくれていたメーカーの協力により、うどんやそば本来のコシを保ちながら、モチモチ、ツルツルの「流水麺」の開発が可能になった。

配合もさることながら、製造現場の清潔さも「流水麺」の製造に欠かせないカギとなった。島田屋本店が提供する麺類の大きな特徴は、チルド麺であること。茹でたてをそのまま届ける。密閉して殺菌してレトルトにすれば、保存期間は大幅に延ばせる。現実にそのような商品は世の中にあふれている。

だが、当時は麺としてのおいしさは届けられない、と我々は考えていた。だから、製造工程では殺菌の工程はなく、ひたすら衛生状態のいい製造ラインで麺を茹でて、冷やしてパックする。単純にはそれだけの工程だ。それでいて数日間、品質を保てるのは、工場を徹底的に清潔に保つ習慣が浸透しているから。私はそれを「掃除力」と呼んでいる。

「流水麺」の開発は、その発想の斬新さもさることながら、研究所の努力、原料メーカーの協力、そして製造現場の「掃除力」、これらの総合力で果たされたと私は考えている。

社内では、好みによっては柔らかすぎるという評価もあった。だが、これからは高齢社会、高齢者にも食べやすい。お子さんにもおやつ代わりに食べてもらえる。学校から帰って、塾に向かう前の「塾前食」にも最適。そう主張して押し通した。

１９８８年5月のゴールデンウィーク明けに、我々は最初の「流水麺」を発表した。冷むぎ、ざるそば、茶そば、冷し中華の４品だった。

満を持しての発売だった。

「夏の売り場がこんなに賑わうとは」と感謝の言葉

だが、発売当初の結果は惨憺たるものだった。我々の期待を完全に裏切り、まったく売れなかったのだ。

私は広告の担当として3億円の予算を使って、テレビ、ラジオのCMはもちろん、新聞広告、電車内の吊り広告と、当時、考えられるだけの広告を打った。

それでも反応は思わしくなかった。梅雨の時期にはまだ早いが、雨の日が続いたことが原因だった。

社運をかけた新商品は失敗だったのか……。誰もがそう意気消沈しかけたとき、一転して空梅雨になった。日照りの日が続き、気温がぐんぐん上昇するにしたがって売れ始めた。本格的な夏を迎えるとさらに……。

結局、新開発の「流水麺」は、5月から8月にかけて、4億円もの売上があった。すでに広告に３億円をかけていたため、赤字には違いなかったが、夏場の４億円の売上は、当時としては異例の数字だ。

夏場に売れる商品を作ることができた。夏場に麺類を売ることは、決して不可能ではなく、やりようによってはできる。売上という数字とともに、我々は大きな自信を得ることができた。

夏のピークを過ぎた９月、わざわざ大手流通チェーンの役員が島田屋本店にまで足を運んでくれたことも、その自信をさらに深めることになった。

「夏場の売り場がこんなに賑わうとは、思ってもみなかった」と、わざわざ感謝の意を表すための訪問だった。小売りの店頭でも、夏場の麺類売り場をどうすべきかは、かねてからの大きな課題だったのだ。

「流水麺」は、その後も話題を呼び続け、その年の日経流通新聞の「年間優秀製品賞」を受賞したほどだ。

評価されたのは、「夏場に火を使わずに麺を食べられる」という狙い通りのものができたためだが、もう一つ「水に流すだけ」という簡便性が大いに受け入れられたことは間違いない。

翌１９８９年にはアイテムを追加し、以後、毎年のようにアイテムを加えたり、刷新したりを続けながら、「流水麺」はロングセラーとなっていった。当初４億円だった売上は、30年以上が経った2024年現在、当社の大きな柱商品の一つになっている。

その間、他社から類似商品がたくさん生まれたが、我が社の「流水麺」の立場は揺るがなかった。

発想の斬新さ、配合の技術の高さ、原料メーカーの協力、そして、殺菌せずにチルド麺を日持ちさせる製造現場の「掃除力」、それらすべてを揃えることが、非常に難しかったのだろう。チルド麺で、これだけの商品を作れるのは、当社だけだった。

「流水麺」は、我が社の品質を代表する商品となり、我々の自信の源になっていった。

カップ「真打ちうどん」の成功と失敗、その教訓とは

夏場に麺は売れない、という従来の常識を破り、我々に自信を与えてくれたのが「流水麺」だった。

「流水麺」に続けと、ほかの新商品開発にも火がついた。1991年に発売した「鉄板麺」もその一つだ。

Ｔ社がダントツのシェアを誇る焼そば市場に、モチモチ食感の太麺と、液体ソースをつけた高付加価値商品として投入した。ひと袋２食入りとし、単身者にも買いやすいようにした。

それまでは、子どものいる家族を主なターゲットにしてきた我が社としては、そこからの脱皮を図った思い切った商品であった。その後「鉄板麺」もラインナップを増やしながら、30年以上経った現在も販売は続いている。

当時は、このように既定路線にこだわらず、あらゆる可能性を探った商品開発が相次いだ。それは我々に「できることはまだまだある」のだという大きな自信を与えてくれた。

だが、成功例だけではなかった。

話は前後するが、「鉄板麺」を販売した２年前の１９８９年に打ち出したのが、「生タイプカップ『真打ちうどん』」（以下、カップ「真打ちうどん」）である。

その名の通り、見た目は、競合他社のきつねうどんやたぬきうどんのような、いわゆるカップ麺だが、中の麺は当社自慢の茹で麺を用い、それを殺菌して長期保存を可能にしたところに大きな特徴があった。製造に加熱殺菌の工程を加え、約１００日持たせるようにした商品だった。

カップの蓋を開けて熱湯を入れ、そのお湯を一度捨ててうどんを柔らかくし、粉末スープとともにもう一度、お湯を入れて食べる。

カップ麺に比べれば、「お湯を一度入れて捨ててまた入れる」と、手間は余計にかかるものの、本格的なうどんが食べられる、という当社の麺へのこだわりを込めた。ひと手間かかるといっても、お湯を沸かして茹でる手間と比べれば、圧倒的に簡単だ。

商品そのものの斬新さもさることながら、新しい流通経路の開拓も期待できる商品だった。島田屋本店のうどんやそばは、茹でた麺をそのまま届けるチルド麺であるため、小売りや飲食店ではその日のうちに消費するか、冷蔵庫で保存する必要があった。

だが、このカップ「真打ちうどん」は、常温での流通・保存が可能なため、冷蔵設備のない通常のトラックで運搬でき、お店でも、通常の棚に3カ月ほど置いておくことができた。扱うことができる卸や小売りをぐっと増やせるはずだ。商品の斬新さも相まって、新たな購買層を開拓できると、大きく期待は膨らんだ。

実際、発売後、カップ「真打ちうどん」はどんどん売れた。「流水麺」が、発売当初苦戦したのとは対象に、打ち出した途端に売れ始めたのだ。

その勢いでもっと売れとばかりに、会社は広告費を湯水のように使った。当時、私は「流水麺」の広告を担当していたが、広告費が、カップ「真打ちうどん」ばかりに流れていくので、恨めしく思ったものだ。

勢いは増す一方で、発売から2年後の1991年には、カップ「真打ちうどん」は、第20回食品産業技術功労賞と、日本食糧新聞「優秀ヒット賞」の二つの賞を受賞するほどだった。

だが、長くは続かなかった。

黙っていなかった競合他社、たちまち取り囲まれ赤字に

カップ「真打ちうどん」は確かに売れた。1年目に10億円、2年目には30億円を超えたと記憶している。

一品あたりの単価は高く、利益も取れたことから、もっと売れ、どんどん売れとばかりに、当時の副社長の肝煎りで、工場のラインを増やし、各地でのセールスにも力を入れていった。広告費だけでなく設備投資も、また人材も、カップ「真打ちうどん」に、次々と注ぎ込んでいったわけである。

勢いは限りなく続くように思えたが、意外に早く大きな壁が立ちはだかった。競合他社が動

き始めたのだ。数年経たずに、大手即席麺メーカーが揃って新商品をぶつけてきたのだ。

当然だろう。

彼らからすれば、カップ麺・即席麺の市場に、我々が殴り込みをかけたのだから。

それまで、当社では冷蔵でチルド麺を、彼らは常温でカップ麺・即席麺を、という棲み分けができていたが、その垣根を踏み越え、我々が、彼らが自分のテリトリーと信じている市場にズカズカと入り込んでいったのだ。

黙っているわけがない。

一時、30億円を超えた売上はどんどん落ちていった。

カップ「真打ちうどん」を扱うのなら、ウチの商品は出荷しない。そう大手メーカーから圧力をかけられたという卸店やスーパーもあったと聞いている。

一人勝ちの状況が崩れると、カップ「真打ちうどん」のアラが目立ち始めた。

茹で麺は、確かに当社の自慢の商品だったが、すでに述べたように、従来の商品に殺菌の工程はなく、ひたすらラインの「掃除力」によって品質を保っていた。だが、カップ「真打ちうどん」は、茹でた麺を熱で殺菌して長持ちさせるようにしたため、どうしても殺菌時の麺へのダメージが避けられなかった。長持ちはするものの、味や歯ごたえ、のどごしは従来の麺には劣るものだったのだ。

また、競合他社は研究開発を重ねたのだろう、長年実績のあるカップ麺や即席麺（乾麺）で、茹で麺に勝るとも劣らない商品を開発してぶつけてきた。

味や歯ごたえ、のどごしで大差がつかないのであれば、「お湯を一度入れて捨ててまた入れる」というカップ「真打ちうどん」の「ひと手間」が、大きなデメリットに見え始めてしまう。

保存期間も、チルド麺に比べればぐっと長くなったとはいえ１００日ほどだ。他社のカップ麺の保存期間に比べれば、これも短い。

競合他社の商品に取り囲まれることで、弱点だけが目立つようになってしまった当社のカップ「真打ちうどん」は、いつの間にかトップ争いからは外れていた。気がつけば遥か後方を走っている一つの商品に過ぎなくなっていた。

30億円の売上は見る影もなく、赤字にすら陥ってしまった。

しかし、そのときは当社では工場に新設備を導入したあとだった。一つ二つの工場ではない。複数の工場のいくつかのラインをすっかりカップ「真打ちうどん」専用のラインに作り替えていたのだ。当時の当社は、それほどカップ「真打ちうどん」に賭けており、引くに引けない状況だった。

得意分野を生かせるか、生かせないかが大きな分かれ目

発売から5年目の頃だったろうか。私は企画部長になっていたが、その頃にはもうカップ「真打ちうどん」撤退の話が出てくる有様だった。

だが、莫大な設備投資をしている以上、やめるにやめられない。来月も赤字とわかっていながら、作り続けなければならなかった。会議の席で、頭を抱えながらそんな会話を交わしたことを覚えている。

結局、工場の設備をすっかり取り替えるのに3年以上、設備投資の償却に10年以上を要した。大きな期待を寄せた新商品が10年もの間、会社を苦しめる重荷となってしまったのだ。

振り返ってみると、教訓はいくつかあるが、何よりも大きかったのは、踏み越えてはならない一線を越えてしまったことだろう。

市場のテリトリーのことではない。当社の得意分野のことだ。

当社の大きな特徴は、品質の高い茹で麺(チルド麺)であること。それを届けるために、早朝に作ってその日のうちに顧客先を回るルートセールスという方法を作り出した。小売店も飲

食店も、茹で麺の性質をよく理解しており、その日のうちに売るようにしたり、店で出して食べてもらったりした。そうでなければ、冷蔵で保存するようにした。

その後、工場や流通の合理化は進んだが、茹で麺の味や歯ごたえ、のどごしのよさを損ないたくなかったため、製造に殺菌工程を入れることはなかった。「掃除力」を徹底させて、品質を保とうとしたことは既述の通りである。

「流水麺」の開発では、その方針をギリギリのところで守った。だが、カップ「真打ちうどん」では、熱で殺菌する工程を加えた。それにより、従来の味、歯ごたえ、のどごしなどの当社の茹で麺の品質が、わずかとはいえ損なわれることになった。

それでも当社の既存の商品の延長として売られていれば、お湯を注ぐだけで食べられる、という茹で麺としては便利な一面が受け入れられた可能性はある。

だが、現実はそうはいかなかった。

保存が１００日ほど利くようになったことで、小売りは、カップ「真打ちうどん」を、他社のカップ麺と同じように売り始めた。消費者にとって、カップ「真打ちうどん」の比較対象は、当社の既存の茹で麺ではなく、他社のカップ麺となったわけだ。

カップ麺市場のなかでの、カップ「真打ちうどん」は、茹で麺の品質が評価されることはな

く、むしろ「お湯を一度入れて捨ててまた入れる」手間や、一般のカップ麺に比べて短い10
0日という保存期間が、弱点として見え始めた。

茹で麺という当社の得意分野にとどまっていれば、プラスした簡便性が大きな利点として引き立ったはず。ところが、カップ麺市場という競合他社がひしめく世界に飛び込んでしまったがゆえに、不得意なところばかりが弱点として浮き彫りになってしまった。

一方の「流水麺」は、得意分野にギリギリのところでとどまったことで、利点を際立たせることができたが、カップ「真打ちうどん」は、カップ麺市場に入り込んでしまったことで、袋だたきに遭うことになったのだ。

スタートの好調さの強烈な印象があるだけに、その後20年もの間、重荷になってしまった落差が余計に目立つ商品になった。

目先の売上を狙っただけの商品ではいけない。我が社の得意分野がどこにあるのか、どこまで踏み出せるのか、どこは越えてはいけないのか。その後、私はいくつもの新商品の企画・開発に携わっていくが、いつもそのことを考えるようになった。

「業務用冷凍麺」成功のカギは、ルートセールスにあり

会社の変革は、なおも続いていた。というよりも、より加速していた。

この間、私は主に「流水麺」の広告企画に携わっていたが、1992年、37歳のときに企画部の部長となった。この企画部長時代の数年が、ある意味、会社が最も大きく変わった時期でもあった。

取り組んだことの代表が、業務用冷凍麺の市場拡大である。

当時、島田屋本店がルートセールスで販売していたのはチルド（冷蔵）の麺で、売り先は小売店や飲食店だった。小売店に卸したあとは、そこから一般消費者の手に渡る。子どものいる一般的な家庭を、最終的な顧客として想定していたわけだ。

だが、経営の方針は、業務用冷凍麺の拡大だった。

業務用の冷凍麺は、茹で麺の品質を保ちつつ、長期保存が可能なように冷凍にしたもので、当時は子会社で専門に営業していた。

ルートセールスで販売していた家庭用向けの冷蔵のチルド麺に比べると、まだまだ取り扱い

額は小さかったものの、利益率が大きく、この部分を伸ばせば、売上はもちろん、利益を確実に大きくすることができる。

だが、どういう方法を取るべきか。

企画部が重視したのは、カップ「真打ちうどん」の教訓だった。新商品の開発や、新規事業に挑むことは重要だが、拠り所とすべきものを持たなければならない。自社の得意分野――「強み」である。

「流水麺」は、我が社が誇るチルド麺の品質を守りつつ、新しい発想と技術を取り入れて成功した。カップ「真打ちうどん」は、その強みを軽視し、不得意な市場に不用意に飛び込んで失敗した。

新規事業もまったく同じ考えが当てはまる。当社にとって守るべき「強み」は、ルートセールスで築いてきた、きめ細かな営業と配送のノウハウである。

当時の取引先には、大量に麺を注文する大手企業があったが、一方、商店街にあるような個店一店ごとに、うどん、そばを数玉ずつ供給しているケースも多々あった。もともとルートセールスは、そのようなごく小さな店を対象に始まったのだ。

小さな顧客であっても決して取りこぼさないよう丁寧に拾い上げていく。それこそ他社にはない当社ならではの強みであり、営業用の冷凍麺の拡大にも、取り入れるべき要素だった。

大手食品メーカーから出向してきた業務用事業の営業のベテランが部門長に就任し、そのもとへ続々と若く優秀な人材が集められた。現在、当社の社長を務める岡田賢二氏もその一人である。

それまでは、あまり日の当たらなかった業務用冷凍麺だったが、にわかに脚光を浴びるようになり、その期待に応えるように、着実に成果を出していった。

その一つがゴルフ場のレストランの開拓である。

ゴルフ場には必ずレストランがあり、麺類も置いてある。現在、関東のゴルフ場の半分以上で、我が社の冷凍麺が扱われている。これは、そのときに編成された営業部隊が、地道に営業・開拓していった成果である。

うどんやそばは、今はどこででも安価で食べられるようになったが、ゴルフ場で出される麺類には、価格に見合った美味しさが求められる。

これからグリーンに向かおうと腹ごしらえするにせよ、プレーを終えて、ひと息つきながら腹を満たすにせよ、利用者はおいしいうどんやそばを求める。

チルド麺の品質を保ちつつ、冷凍により長期保存できる我が社の業務用冷凍麺は、そのよう

企画部長として、主に業務用冷凍麺の拡大に取り組んでいた頃の筆者（左から２番目）

な需要を着実に満たしていった。

業界ではうどんを太麺、そばを細麺と呼ぶが、細麺になればなるほど品質の違いが如実に出る。うどんもさることながら、そばの品質でも、島田屋本店は一目置かれる存在になった。

うどんとそばから始まった業務用冷凍麺は、今ではラーメン、パスタ、さらに糖質を抑えたり、食塩をゼロにした「健美麺」も加わり、豊富なラインナップが揃っている。

業務用冷凍麺の営業は、今では当社の花形部門であるが、その始まりが、このときの改革だった。得意分野を生かせるか、生かせないか。当時、念入りに吟味した結果であると自負している。

第4章

次々と噴出する
〝まさか〟に翻弄されながらも
利益を出せる会社づくりを誓う

食品業界の大きな教訓となった雪印乳業食中毒事件

1997年、島田屋本店は、社名を「シマダヤ」に変更した。

事前に社内で取ったアンケートに、興味深い結果が現れている。

40歳以上のいわゆるベテラン社員の多くは、島田屋本店という社名は古く感じられ、シマダヤとカタカナにしてもその印象は変わらないと回答した。つまり、まったく違う社名に変えるべきであると考えていたわけだ。

一方、意外なことに、40歳未満の若い社員たちは、シマダヤという社名を支持した。カタカナのシマダヤは、商品につけるロゴとしてはすでに広く浸透しており、若い社員たちにとってはなじみ深いものだったようだ。

決して古いと感じさせるものではなく、商品ロゴとして広く知られた名前をそのまま社名にすれば、誰にとっても、シマダヤとは麺の会社であるとわかってもらえるのでは、と考えたようだ。

経営会議を経て、社名は正式にシマダヤとなり、ほぼ同時期に社長も牧順氏から近藤郁雄氏へ交代した。

社名の変更と社長の交代は「新生シマダヤ」誕生の宣言であり、会社の改革をさらに推し進めていくという決意の表れでもあった。

私は翌1998年、取締役となってチルド事業部長と広域営業部長を兼務することになり、2002年には常務取締役として生産本部長と生産管理部長を兼務することになった。

この間、いくつかの忘れられない事件が起こったのだが、その経験は、食品製造に携わる者として、社会的にどれほどの責任を負っているのか、つくづく考えさせられるものであった。

最初の大きな事件は、2003年に起こった異物混入事件だ。だが、実はこれには予兆ともいえる他社の事件があった。2000年に起きた雪印乳業食中毒事件である。

これは、雪印乳業で製造された低脂肪乳が食中毒菌に侵され、近畿地方を中心に1万3000人を超える被害者を出した、戦後最大の集団食中毒事件だ。

原因は、停電で冷却装置が利かなくなって細菌の増殖を許したというものだが、そのような基本的な品質管理の甘さもさることながら、記者会見の席上、社長と工場長の言い分が食い違って危機感のなさを露呈したり、食い下がる記者に社長が「私は寝てないんだ」と言い放ったり、製造も品質管理も、事件発覚後の対応も、何から何まであまりにずさんで、あきれるほどだった。

雪印といえば超一流の食品企業である。そんな企業でもこのような事件を起こしてしまう。食品の安全管理の上でも、企業の危機管理の上でも、大きな教訓を残した事件といえるだろう。だが、まさかこのような事件が、我が社で起こるはずがない。私はそう信じていた。

我が社では前社長が「品質はすべてにおいて最優先」という経営方針のもとで、1998年から全生産工場でHACCPの導入を始めていた。食品の製造時、危害を起こす可能性のある要因をあらかじめ分析して管理し、予防する手法だ。

工場ばかりでなく、開発のための研究所も、また物流拠点でもHACCPを取得し、のちに我が社はHACCPを土台に、国際的な基準であるFSSC22000認証取得にも発展していくことになる。

新生シマダヤは、それだけ製造に万全の体制を敷いていた。だから、2002年、私が常務取締役となり、生産本部長兼生産管理部長となったときも、品質の心配はまったくしていなかった。

むしろ心配だったのは私自身のことだ。入社以来、営業とマーケティング一筋で、技術的な教育など受けたことはないし、製造現場の経験もなかった。そんな私に、生産本部長兼生産管

常務取締役として生産本部長と生産管理部長を兼務していた頃の筆者（左から３番目）

理部長が務まるのだろうか、と。

生産本部長兼生産管理部長となれば、製造現場だけでなく、その上流の仕入や、下流の物流までを取り仕切ることになる。守備範囲の広さと責任の重さが私にのしかかっていた。

今から考えれば、そこまで広範囲の仕事を担当させられたのは、次期社長としてあらゆる領域の修業をしろという近藤社長の思惑だったのだが、私自身、そんなことに考えは及ばない。ただひたすら、各工場へ出向いたり、物流拠点へ顔を出したり、なじみのない分野に少しでも慣れようと、ひたすら汗をかいていた。

当時は、品質管理をさらに万全にしようと、それまで独立運営していた工場を、すべてシマダヤの傘下にしようという動きもあった。当然、協力工場の社長や役員とは摩擦が起こり、私はそちらの対応においても神経をすり減らしていた。

いずれにしても、これほどまでして、品質を最優先にしているのだ。自社で雪印事件のような事件は起きるはずがない。

だが、そんな私の自信を、簡単に打ち砕く事件が起きてしまった。

入れ替えたばかりの部品が破損！しかも小麦粉に混入!?

第一報を受けたときのことは、今でもはっきりと覚えている。

2003年3月の生産本部会議の真っ最中だった。場所は東京都武蔵村山市のシマダヤロジスティクスセンター、通称SLCの4階に、全国の協力工場の責任者が集まっていた。

朝から会議が続き、夕刻になって、やっと終わりが見えてきた頃。滋賀の生産工場の会長と社長が、何やら報告があると言いだした。会議中に自社の工場から一報を受けたという。

会議はもうすぐ終わるのに、それまで待てないのだろうか。それほど緊急の要件なのかと、内心ドキドキしながら言葉を待つと、生産工場の会長が「製造時に異物混入が発生しているかもしれません」と言う。急いで知らせようとしている割には、「かもしれません」という、あいまいな言い方が気になった。

慌てるべきなのか、その必要はないのか……。とにかくより詳しく状況を知りたいと、生産工場の会長の言葉を待つと、次のような事実がわかってきた。

シフター（ふるい）の網が破れたというのだ。

その工場ではうどんを製造していた。

原料の小麦粉は大きなサイロに保管しているが、サイロから製造現場まで小麦粉を送る際、異物を取り除くために、送風機で小麦粉を飛ばしながら異物を通さない細かな網をくぐらせる。それがシフター（ふるい）だ。

だが、生産工場の会長いわく、「つい今し方、そのシフターを点検したところ、網が破れているのがわかった」とのこと。しかも、送風機の羽に接触したらしく、「破れた金属の破片が、原料の小麦粉に混じり、最終製品であるうどんにも混入している可能性がある」と言う。より品質を確かにするために、入れ替えたばかりの新しいシフターだった。

あいまいな言い方だったのは、混入している可能性があるが、ないかもしれない――そんな希望的な観測もあったからだ。

私は咄嗟に雪印乳業食中毒事件を思い出した。あのときも、会社の甘い対応が裏目裏目に出て、結局、1万3000人以上の被害者を出してしまったのだ。会社の信用は地に落ち、のちに分社化され、雪印の看板をも下ろさざるを得なくなってしまった。

異物は入っていないかもしれない――そんな都合のいい希望は、捨てたほうがいい。

私は、とにかく金属片を集めるように指示を出した。破れたシフターの破片をすべて回収し、網を完全に再現できれば問題はないはずだ。だが、少しでも欠けている部分があれば、小麦粉に混入したと考えるべきだろう。

「いや、そんなこと無理ですよ、製造の段階で水に流れている場合もありますし」と、会長と社長はそう説明して、大事ではないことを強調した。

製品は金属探知機をくぐらせている。金属が混入していれば、そこで引っかかり、不良品は撥ねられるのではないかとも期待できた。だが、研究所の所長に問い合わせると、あまりに微量な金属の場合、検知されずにすり抜ける可能性があるという。

私は引き下がらなかった。「水とともに流れたのなら、下水に網をかけて金属を回収してください」と。当時、製造現場についてはあまり知らなかったこともあり、かなり無理なことを言ったのかもしれない。だが、妥協するつもりはなかった。

すぐに取りかかってくださいと言って、そのまま工場からの報告を待った。その間、本社の顧客対応の部署に問い合わせると、幸いクレームは出ていなかった。ちょっとだけ安心しつつ、工場からの報告を待った。

会議を終え、1時間経ち、2時間待った。私と滋賀の生産工場の会長と社長の3名だけが、だだっ広い部屋に残っていた。約3時間後に連絡が入った。

工場の担当者が、言われた通り、シフターの網の破片を探し出して再現しようとしたが、組み立て直しても、破損した網の半分も見つけられなかったとの報告だった。

「すぐに回収だ！」社長に怒鳴られ目が覚めた

破損した網の半分も見つけられなかったという報告を受けながらも、一方では、クレームは出ていない。私は、生産工場の会長や社長が言う「水に流れてしまったかも」という言葉を信じかけていたのかもしれない。あとから考えれば、そうであってほしいという、なんの根拠もない願望に過ぎなかったのだが……。

その日の夜、近藤社長に一報を入れ、「詳しくは明日の朝、報告します」と、その日は切り上げることにした。

そしてその翌朝、改めて社長のもとへ行き、詳細を報告した。クレームが出ていないため、いったん様子を見たいと言ったら、その途端、「すぐに回収だろう！」と怒鳴り声が返ってきた。

はっと目が覚めた。

「水に流れてしまったかも」は、作っている側の希望的な観測に過ぎない。実際にうどんを食べる消費者にとっては、わずかなカケラであっても金属片が混入しているならば、それは命に関わる大事件だ。

まだその可能性が残っていたのだ。

なぜ、それが自分にはわからなかったのだろう。

あれほど厳しく対応したつもりだったのに、私も雪印乳業の社長や幹部と同様に、保身と責任転嫁に走っていたのだろうか。人間とはつくづく弱いものだと感じた。

新聞に社告を出して、うどんへの金属片混入の可能性を公表することにした。電話をはじめ消費者から入る連絡は総務が受け、消費者へ渡ったうどんをすべて回収するのだ。

すでに出回っている商品の回収も早急に始めなければならない。私は滋賀の生産工場へ飛んだ。

まず、どの商品に混入しているのか、正確に突き止める必要がある。そして、出荷先に連絡を入れ、可能な限り回収するのだ。

ルールに従えば、シフターの点検は、始業前の朝と始業後の一日に２回点検することになっている。だが、担当者に聞けば、シフター設置後の３日間「何もやっていなかった」との返事。それだけでも厳罰ものだが、今はそれを非難している場合ではない。

３日間に作った商品を特定すると、出荷した取引先一社一社に連絡を入れることにした。実際の連絡は、工場の３名の社員にお願いした。

緊急の要件ということでとりあえずは電話で連絡するが、内容が内容だけに、電話だけですませるわけにはいかない。

送り先は、東海から関西にかけての食品スーパーが多かった。特に工場のある地元の滋賀では、県内最大手のスーパーマーケットチェーンに大量に卸していた。

商品には消費期限が打刻されているので、それを手がかりに、店には該当する商品を店頭から外して、返品してもらう。

スーパーマーケットにとっては、大迷惑な話である。店頭から回収・返品という手間が増えるだけでなく、買い物客に対して、不良品の発生を知らせる必要がある。

その方法は各チェーンに任せるしかなかったが、お知らせのボードに張り出して知らせるにせよ、店内放送するにせよ、いずれにしても店への信頼は損なわれるだろう。

責任は作った我々にあることに間違いはないが、消費者の怒りの矛先はまず、それを販売した店に向かう。

お店の店長をはじめスタッフたちは、自分たちが悪いわけでもないのに、ひたすら頭を下げなければならない。ストレスがたまり、それは我々への怒りとなる。

電話で「回収してください」とお願いするだけでは、とても失礼だ。工場の社員には、スーパーの各店頭まで出向いてもらい、事情を話してお詫びをし、回収の手順を伝えてもらった。

3人の社員は、店のスタッフから相当怒られるのだろう、毎日、泣いて工場へ帰ってきた。

私はただねぎらい続けるしかなかった。

苦しく大変な仕事だが、何より大事にしなければならないのは、一般消費者の健康である。

そのことを何度も伝えつつ、翌朝もまたお詫びに送り出した。

精神的に追い詰められながらも、品質管理の重要性を再認識

私に声をかけてくれる人はいなかった。立場からして、当然だろう。みな、私の指示を待っている。また、出荷先からにせよ、一般の消費者からにせよ、批判されるとすれば、私が受け止めなければならない。

表面上は冷静を装っていたが、私自身の精神状態は決していいものではなかった。追い詰められている、といってもよかった。それには、次の二つの事実が重なったことも大きかった。

一つは、金属が本当に商品に混入していたことだ。

滋賀の工場へは、該当する商品がどんどん回収され始めていた。回収した商品に金属が入っていないことが確かめられれば、少しは安心できるのではないか。

出荷した総数に比べれば、回収品はほんの一部に過ぎない。回収品に異常がないことを確かめても、すでに消費者の手に渡っている残りの大部分が安全とは言い切れないことは、百も承知の上だ。それでも私は確かめずにはいられなかった。

研究所の所長に電話で相談すると、X線を用いた装置ならば金属探知機が見逃すような微小

な金属も見つけてくれるだろうという。だが、社内にも、協力工場でも、X線検査装置を持っているところはない。所長に方々をあたってもらい、京都のメーカーからX線検査装置のデモ機を借りられることになった。

翌日に工場へ届いたデモ機をセットして、さっそく回収品を一つひとつ通していった。かなりの数を通したと記憶しているが、その中のひと袋が反応したのだ。

金属はやはり入っていた。近藤社長の判断は間違っていなかった。私は自分の甘さを再度、痛感した。

どこかで金属片の入ったうどんを食べた消費者が苦しみだし……。そんな想像が私の頭を占めるようになった。そして、それが本当にそうなるかもしれなかった。それが私を追い詰めた二つ目の出来事だ。

滋賀の工場へ詰めてから数日経たないうちに、一般消費者の男性から連絡が入った。妻が該当する商品を食べたという。しかも、彼女は妊娠しているというのだ。私は思わず息を呑んだ。本人ばかりではない。これから生まれてくる子どもに万が一のことがあればいったい……。

本社とも連絡を取り、産婦人科で診察してもらうことになった。男性に連絡して、工場の製造部長と事務の女性の二人が男性のもとに向かうので、現在通っている産婦人科へ一緒に行ってもらうことにした。製造部長から産婦人科の先生に詳しく事情を説明して、診断してもらうのだ。

男性も奥さんも、もちろん製造部長も事務の女性も、全員が固唾を呑んで医師の診断を待った。そして、「大丈夫ですよ。こんなのウンチと一緒に出ちゃいますから」という医師の言葉を聞いたときは、全員がほっと安堵の深い息をついたそうだ。工場で待機している私も、報告を受けて思わず力が抜けた。

ちなみに、もう1件、「食べたところ下痢をした」という連絡も入った。指定のレストランへ出向いていくと、男性二人が待ち構えていたが、よくよく話を聞いていくと、彼らが買ったという店では、該当する商品は置いていなかった。その旨、丁寧に説明すると、しぶしぶ去っていった。社告を見てお金になると思ったのだろうか。

なんにせよ、きれいごとではすまないのがこの世界だということを改めて知った。

1週間後の月曜日、私は東京の本社へ戻ったが、そこでもさらに追い詰められる思いだった。月曜日の経営会議は当然、この事件のことで持ちきりだった。ひと通り報告したものの、営業本部長からは「どえらいことしてくれたな」とにらまれた。私は「出荷先は近畿の2府と4県、それに東海です」と返答したが、言い訳がましく聞こえたのだろうか。

「その認識はまったく違う。シマダヤは信用できないと、関東でも取り扱わないという企業がたくさん出ている。実際に関東方面の売上もドーンと下がっている。どうするつもりだ」と、追い討ちをかけられる始末だった。

針のムシロとはこのことだ。

辞表を書いて、翌日、社長に提出した。私はそこまで追い詰められていた。近藤社長は「責任があるという意味では俺も同じだ。これからのことを考えよう」と受け取らなかった。

幸い、この事件で被害者が出ることはなかった。仮に微小な金属を口にしたとしても、健康を害することなく排泄されたはずだ。

しかし、この間、私は生きた心地がしなかった。「品質」がいかに大切なことか、特に食品を扱う企業は、人の命を預かっているのだとつくづく認識させられた。

X線検査装置や微小金属探知機を各工場の全ラインへ入れようと決意したのが、まさにこのときだった。もう一つ、当時、シマダヤの商品は、全国の13の協力工場で生産していたが、これらはシマダヤとは別会社が運営していた。これらを子会社化して、品質管理を直接、行わなければならないとも考えた。

いずれも実行に移していくのだが、完全に実現するまで、それから10年以上の歳月を要することになった。

訴訟にまで発展した物流子会社の労働問題

さて、2003年といえば、もう一つの事件が始まった年でもあった。物流子会社の労働組合から、労働条件について訴訟を起こされたのだ。これについても、かなり神経をすり減らした。

前年の2002年、常務となり、生産本部長と生産管理部長を兼任することになった私にとって、物流の合理化は大きな課題であった。

会社の改革として、ルートセールスで扱っていた品物を自社商品に絞り込んできた経過はすでにお伝えしてきた通りだが、その延長として、物流そのものの合理化に目を向けるのは自然なことだろう。これにはそうせざるを得ない時代背景もあった。

大宮センターは各大手スーパーの商品のピッキングを一手に引き受け、合理化を狙った施設だった。大宮センターを開設したことで、シマダヤは製造業として自社で二つのセンター機能を持ったわけだが、同じような動きが小売りチェーンでも始まっていた。

小売りチェーンが店舗を増やし、その規模が大きくなるにつれ、各店舗に商品を配送するためのセンターを設けるようになったのだ。従来の店別ピッキングから各センターごとにグロス納品するシステムに徐々に変わったのである。

メーカーとしてのシマダヤは、注文通りにグロス納品するだけでよくなった。店舗別のピッキング作業は不要になったのだ。

シマダヤにとっては、配送先として小さな店がある以上、自社としてのセンター機能が不要になるわけではない。だが、小売り大手が独自に自社でセンターを持つようになれば、センターの仕事が大幅に削減されるのは避けられない。

こうして、シマダヤの営業所や出張所を縮小しつつ、残った必要最小限の機能はそっくりアウトソーシングすることを企画部は提案した。

関東一円にあった27の営業所・出張所を閉鎖しようということになり、シマダヤが直接、運営していた営業所は問題なく進めることになったが、別会社として運営されていた物流子会社はすんなりとは進まなかった。

シマダヤの100%子会社の物流子会社とシマダヤは、身内意識でやってきたこともあり、運送費について厳しく交渉を重ねてきたわけではない。相場に比べると、運送費はどうしても高めになっていた。

しかし、会社を改革するには、聖域を設けることなく切り込まなければならない。そんな立場もあって、私は物流子会社の社長に、「ほかに比べれば高い」「安くしてもらわなければ」とお願いすることが多くなっていた。

物流子会社の社長は、シマダヤの取締役も務めていた。私とはひと回りほども違う年上の大先輩であり、尊敬もしていた。だが、身内意識は捨てて、言うべきことを言わなければと思い、説明を重ねた。

物流子会社の社長は、幹部を集め、「本社では運送費の値下げを求めている。もっと合理化しなければ」と切り出したようなのだが、それが組合の耳に入ったらしい。

この会社では、ドライバーは個人事業主だった。会社と委託契約を結ぶことで、仕事を出していた。自分のトラックを所有するドライバーは、物流子会社からの仕事の依頼で仕事をし、報酬を得ていたわけだ。

合理化すれば、彼らの報酬に直接、影響を及ぼす。改革を始めたばかりの頃、利益を確保するため、会社で作る麺類以外の仕入商品の取り扱いをやめていったときも、委託契約していたドライバーたちの強い抵抗があったが、今回もそれと同じ事情である。
報酬は減るだろう。ひょっとしたらほかの同業者に仕事を持っていかれるかもしれない。そうなると、減額どころか、仕事そのものを失ってしまいかねない。彼らがそう考えてもおかしくはなかった。

組合は、物流子会社の社長のつるし上げを始めた。

組合はシマダヤの本社にもやって来て、本社前でビラを配った。私の記憶にあるだけでも20回は来ていたのではないか。また、シマダヤの社長宅の近所までビラを配ったこともあった。

さらにどこでどう情報が漏れたのか、私の家にまで押しかけてきた。土曜日だったが、私はたまたま早朝から外出していた。夕刻、帰宅しようと自家用車で家に近づいていくと、家の前に4トントラックが4台、並んで停車しているではないか。

そのまま何食わぬ顔で通り過ぎて、公衆電話を探すと家に電話を入れた。妻が出たので「決して表に出るな」と念を押し、また、部活に出ていた子どもたちには、学校に電話を入れて「家に帰るな」と伝言した。

警察に相談したが、特に違法なことはやっていないので何もできないという。幸い彼らは1~2時間すると去っていったが、これが長く続くようなら、どれほどストレスになるのか。改めて、このようなことがしばしば起きる環境で、じっと耐えている物流子会社の社長と、ご家族の心労の重さを知る思いだった。

その重圧は私が想像する以上のものだったようだ。物流子会社の社長が自ら命を絶ったのだ。私が常務として、運送費が高すぎると言いだしたことで、物流子会社の社長は対応しようとした。それが組合に漏れ、家にまで押しかけられるようになり、そのことが大きなストレスとなったのではないか。

私の言葉がきっかけだったのだろうか。私は、この事件の発端を作ってしまったのでは……と考えるようになり、自分を責めることになった。

私を救ってくれた、思いもよらぬ社長のひと言

さらにつらい気持ちにさせたのは、組合は、物流子会社の社長の死を、シマダヤの責任であると言い始めたことだ。矢面に立ったのが近藤社長だった。組合は近藤社長を、「子会社の社長を死に追いやった親会社の社長」と呼び始め、ビラにもそう書いて撒き始めた。

自分たちは、人を死に追いやるほどのストレスを与えてきたのに、それをすっかり棚に上げ、こちらに責任を押しつける姿勢に、私は強く憤ったが、それを言ったところで収まるわけではない。むしろ火に油を注ぐことになるだけだろう。

じっと我慢するしかなく、また、自分の言葉が事件のきっかけになったのではないか、という考えを払拭できず、私自身、強いプレッシャーのなかで耐えることになった。

だが、冷静に考えれば、最も重圧がかかっていたのは近藤社長だったはずだ。

通夜の席上、私は、大先輩を失ったやるせなさと、組合への怒りで、自分を見失いそうだった。あふれる涙が、大先輩を失った悲しみのためなのか、悔しさなのか、自分でもわからなかった。

その後、近藤社長と今後の物流子会社との対応について話し合うと、

「闘うぞ」と言う。近藤社長は、

「訴訟は全部受ける。勝つまで闘う」と言った。

冷静に見えた近藤社長だったが、内心、怒りにあふれていたと思う。私はまたしても近藤社長の言葉に救われることになった。

重圧に頭を抱えている場合ではない。やるべきことをやるのだ。

闘いは10年に及んだ。

私自身、証人として法廷に立ったこともある。顧問弁護士が、訴訟相手の弁護士が投げかけてくる質問を予測して想定問答集を作り、それに答えられるよう2、3日徹夜で準備をしたことがある。

だが、裁判など人生で初めての経験だ。相手の弁護士が私のすぐそばまで来て、ツバを飛ばしながら質問するのに閉口して、せっかく覚えた返答もすっかり忘れてしまった。頭が真っ白にもなったこともあったが、それでもなんとか切り抜けることができた。

10年かかった裁判の判決は、会社側の全面勝利だった。

社員の要望を形にしたニュービジョン

我々は組織の風土・文化・体質そのものの改革を行おうとした。それを表したのが、2003年に発表したニュービジョン（New Vision）である。

ただのスローガンではない。どれも当時のシマダヤにとって絶対に必要な、根拠のあるビジヨンばかりだ。

時間は前後するが2002年6月、我々は、ブランド資産再構築プロジェクト「BEST(Brand Equity Shimadaya Team)」を発足させ、その手始めとして、全社員へ向けたアンケートを行った。

回答は匿名にし、会社への意見、不満も含めて、率直に語ってもらおうというものだったが、狙い通り、いや、それ以上に本音が集まってきた。

多くの不満のなかでも、会社の体質を表していると思えたのが、社員が持つ会社幹部への不満と、自分の将来への不安だった。

当時は、大手食品メーカーからやって来た人たちが、役員はじめ主要な役職についており、社内の変革も彼らの主導により進められていた。

それを強引だと受け止めて反発があることは、ある意味、当然ではあったが、見逃せなかったのが、社員たちが持つ将来への不安だった。

上層部は大手食品メーカーの出身者が多かった。シマダヤに就職して働いてきた社員にとって、果たして将来はあるのか。いくら努力したところで、報われないのではないか……。

そんな不満とも不安ともつかない気持ちが、この間、社員の中に広がっていたのだ。

ニュービジョン（New Vision）

[経営コンセプト]
「おいしい笑顔をお届けします」
[７つのビジョン]
1　シマダヤブランドを守り育てよう おいしい笑顔は、シマダヤ社員一人一人が作るシマダヤブランドの心です。
2　独自の技術で市場を創造しよう 技術のシマダヤ。 お客様の視点に立った魅力的な技術で、おいしい笑顔をお届けします。
3　組織を越えて話し合おう コミュニケーションのシマダヤ。 お客様の声・社内の声、コミュニケーションはおいしい笑顔の基本です。
4　お客様の満足を追求しよう ソリューションのシマダヤ。 商品のみならず、お客様の問題解決によっておいしい笑顔をお届けします。
5　常に成長し高収益を上げよう 収益力のシマダヤ。 おいしい笑顔は、安定した経営基盤によって、継続的にお届けできるのです。
6　アイデアカンパニーを目指そう アイデアのシマダヤ。 おいしい笑顔は、優れたアイデアによってお届けできるのです。
7　チャンスを与え人を育てよう 人のシマダヤ。 おいしい笑顔は人への思いやりから生まれるのです。

2003年に開かれた「シマダヤNew Vision発表会」の様子（左から5番目が筆者）

そればかりではない。自分が属する部署さえよければいい、といったそんなセクショナリズムも蔓延しつつあり、アンケートには、それを危惧する声や、すでに現れている弊害が記されていた。

組織が大きくなるにつれて、どんな組織も必ず通らなければならない道なのだろう。シマダヤにもついにそれが訪れたのかと改めて考えさせられた。

品質について言及するのは言うまでもないだろう。あってはならない異物混入事件が実際に起こってしまった教訓は、我々の心に刻まなければならない。

これらの声に応える形で作りあげたのが「7つのビジョン」だ。

シマダヤで働く者に将来はあるのか、という不安に答えたのが、「7チャンスを与え人を育てよう」だ。出身に関係なく、誰にでもチャンスがあり、希望がある。そんな風土を作りたかった。

セクショナリズムに対する回答が、「３　組織を越えて話し合おう」、また、品質や信用の重要性を訴えたのが、「１　シマダヤブランドを守り育てよう」である。

そして、顧客への貢献の精神を謳ったのが、「４　お客様の満足を追求しよう」である。

〝まさか！〟の、大手食品メーカーとの資本提携解消

常務時代の最後の年、２００５年に持ち上がった〝事件〟が、大手食品メーカーからの資本提携解消の申し出だった。

シマダヤと大手食品メーカーが業務提携を結んだのは１９８６年。以来、大手食品メーカーからは多くの人が出向し、社内改革を推し進めてきた。前任の近藤社長も大手食品メーカーの出身だ。

私自身、大手食品メーカーから大いに学んだ。利益重視の政策も、もとはといえば、若いときに大手食品メーカー出身の上司からたたき込まれたことだ。

２００５年の時点で、大手食品メーカーはシマダヤの筆頭株主であり、人の面でも資金の面でも欠かせないパートナーとなっていた。その関係を解消したいというのだ。

正直、驚いた。

大手食品メーカーによれば「シナジー効果がなくなった」からだという。

シマダヤは大手食品メーカーから原料を仕入れるなど、生産面でも深い関係を保っている。シマダヤとしては十分な「シナジー効果」があったのだが、先方はそう思わなくなったらしい。

大手食品メーカーとしての事業再編の一環であり、決してシマダヤに価値を見出せなくなったわけではなさそうだが、２００５年の時点ではそのような事情はわからず、とにかく株の買い取り先を探すという仕事に追われることになった。

大手食品メーカーが持つシマダヤの株は２５０万株にも及ぶ。それをどこに買い取ってもらうのか——そのミッションが突然、常務としての大きな仕事として私に降りかかってきた。

既存の株主に少しずつ買い増ししてもらう、または新規で買ってもらうしかない。それから約１年、私は主要仕入先様を、幾度となく訪問することになった。株主は当社の取引先である商社、メーカーなど多岐にわたり、一社一社回って頭を下げた。株価の算定も問題であったが、時間をかけて落ち着くところに落ち着いた。

こうして常務としての最後の年は、仕入先や商社、メーカーを回る行脚の旅となり、約1年をかけて11社が株の引き受けに応じてくれた。ほっと安堵した。

通常の経営とは違う仕事だったが、得られたことは大きい。

多様な立場の株主たちと直接話をすることができ、この人たちが会社を支えてくれていることを実感できた。従業員とともに、この人たちのためにも、業績を伸ばしてきちんと配当しなければ。しっかりと利益を上げられる経営基盤を築いて、恩返しをしなければ……。

そんな気持ちを持てたことは、大きな財産となった。

覚悟といってもいい。

〝利益〟は依然、会社の大きな課題だった。改革は20年ほどに及んでいたが、それでもまだ十分とはいえなかった。

必ず利益を出せる会社にしてみせる。そんな決意とともに、私は2006年、社長に就任することになる。

第5章

品質とブランドの向上に心血を注ぎ、誰からも信頼される会社へ

「品質とブランド重視の経営」を掲げて

常務時代から事件続きだったが、2006年に社長に就任してからは、さらにその傾向がエスカレートしたかのようだった。〝まさか〟の連続である。

次から次へと発生する、予期せぬ出来事に翻弄されつつも、社長としてやろうと決意したことが二つある。

一つは「品質とブランド重視の経営」である。

食品製造に携わる者として、品質が外せない要件であることは、いうまでもない。特に常務時代、異物混入事件を経験して、品質管理の重要性と難しさは身に染みて理解した。

また当時は、消費期限や賞味期限を偽装するなど、食の安全・安心を脅かす事件が多発していた。消費者の食に対する不信感は募る一方で、何か一つでも間違いを起こせば途端に信用は失われ、企業にとって命取りになりかねなかった。

生産工場では、食品衛生管理手法であるHACCPへの取り組みを徹底させ、さらにその後、より厳格な国際基準である食品安全マネジメントシステムのFSSC22000の認証取得へと進めていくことになるのだが、これについては後述する。

もう一つ決意したことが、会社を利益体質に変えることだ。

１９８０年代から、利益の取れない体質を改善するため、社内で大改革を行ってきたことは、これまでも触れてきた通りだ。「流水麺」を中心としたブランド商品と業務用冷凍麺事業の拡大のおかげで、会社の経営基盤は徐々に改善されてきた。

品質とブランド重視、そして利益重視、これを私は「質＝利益重視の経営方針」として一体化して進めることにした。「量から質へ」の転換を図り、確かな品質を土台に、シマダヤというブランドを築くことに注力した。

そのため、社長に就任するとともに、私は営業本部長も兼任することにした。これはまだ常務時代、前任の近藤社長から次期社長にと打診されたとき、無理を承知で希望して実現したことだ。

大幅な体質強化を図るためには、企業経営のトップに立つだけでなく、営業部門も率先して改革する必要があった。

目標は経常利益率５％以上とした（当時は２～３％程度しかなかった）。指標としたのが「限界利益率」だった。売上高から変動費を差し引いた利益率である。

今さらそんなことを……。そう思われるかもしれないが、当時のシマダヤでは限界利益率を無視して、販売を続けている商品があまりに多かった。

売れば売るほど、利益が出るのであれば問題はない。だが、取引先の要望などで安売りに応じているうちに、売れば売るほど赤字になってしまう例があまりにも目についた。せっかく開拓した取引先であるため、誰も切り込めないでいたのだ。

常務時代は、生産本部長兼生産管理部長として、生産部門とその前後のサプライチェーン全体をつぶさに見てきた。生産部門が細心の注意を払って高品質の商品を作り、それを高効率の物流によって顧客のもとまで届けることができても、利益が取れないのであれば、それまで積み上げた努力は水の泡になってしまう。

限界利益率を確保することを、社内での共通の認識にしなければならない。そこで私は関東の営業部長を集めて、毎週月曜日の朝に勉強会を開くことにした。通称「朝会」である。

「こんなことやりやがって」と反発もあった早朝勉強会

朝会は、週の初めの月曜日の朝７時半から開催した。出席する営業部長たちにとっては、相当なストレスだったようだ。

というのも、朝会は限界利益率の勉強が目的だったが、出席する各部門の営業部長たちには、前週までの成果についての報告も求めたからだ。部長たちはその準備のために週末を潰さなければならず、まったく休んだ気などしなかっただろう。

当時、サラリーマンが陥る症状として「サザエさん症候群」というのがあった。

日曜日の夕方に放映していたアニメの「サザエさん」のエンディングテーマ曲が流れだすと、「明日からまた仕事だ」と厳しい現実に引き戻され、途端に憂鬱な気分になる、というわけだ。

翌朝、朝会を控えた営業部長たちにとっては、憂鬱どころの話ではなく、実際、ずっとあとになって、「日曜になると胃がキリキリと痛みだした」「心臓にナイフを突き立てられるようだった」と、告白してくれた部下がいた。

だが、同情などしてはいられない。なにしろ会社の命運がかかっているのだ。

主催する私にとっても、朝会は決して居心地のいいものではなかった。というのも、参加する部長たちの半数近くは私より年上で、超ベテランと呼んでもいい強者たちが揃っていたからである。

そんなベテランを相手に、限界利益率といういわば基本的なことを学ぼうというのだから、

「今さらこんなことやりやがって」

「お前に何がわかるんだ」

口には出さずとも、みなの表情がありありとそう語っていた。

あからさまな反発こそなかったものの、限界利益率を取り上げること自体、疑問を持っていた出席者は多かったように思う。

というのは、この朝会で学んだあと、現実にその結果を反映するために、実際に取引の見直しを迫っていったのだが、社内外からそれを阻止しようとする事態となったことからもうかがえる。

たとえば取引先別、商品別に整理して限界利益率を計算して一覧にすれば、取引先ごとに、利益が取れている商品、取れていない商品が明らかになる。

利益が取れなくとも、取引を続けている商品があるのは、過去に先方から値引きの要請があり、それに応えてきたためである。いったん値引きしたものを、もとの納品価格に戻すことは難しい。かといって取引をやめるわけにもいかず、低限界利益率を承知で取引を続けている例は珍しくなかった。

だが、今回それを見直そうというわけである。

北関東で展開する大手スーパーマーケットチェーンとの取引を再検討しようとしたときは、その大手チェーンの役員と、担当している我が社の営業部長の双方から、大きな抵抗に遭った。

反対意見が続出した、赤字商品の供給停止案

そのスーパーマーケットチェーンは、シマダヤにとっては大お得意先だった。売上でいえば上位５本の指に入るほどだった。だが、利益が取れていない。

限界利益率を計算することで、このチェーンでシマダヤの利益が取れている商品、取れていない商品がはっきりと出た。

利益の取れていない商品は、本来ならば値上げの交渉をすべきなのだが、安さを売り物にしているチェーンである以上、応じるとは思えない。ならば、残された手段は、商品の供給をやめることだ。

「この商品はやめましょう」

朝会でそう提案すると、私より5歳ほど年上の営業部長は即座に、

「社長、それは無理ですよ」

と答えた。

「そんなことをしたら、全部なくなっちゃいますよ」

チェーンのバイヤーが怒りだし、赤字の商品だけでなく、黒字の商品もすべて取引ができなくなるというのだ。

反対意見は彼からだけではなかった。誰もが自分が担当する得意先の状況を思い浮かべていることは間違いなかった。

「そんなことをやり始めれば、取引先との関係は悪化します」

「会社が立ちゆかなくなってしまいます」

多くの営業部長は口々にそう言った。

たとえ赤字の商品があったとしても、黒字の商品の利益があれば帳尻はなんとかなる。赤字・黒字の両方の商品を合わせた「プロダクトミックス」で、これまでなんとかなってきたではないか。だから、わざわざ取引先との関係を悪くしてまで、変える必要などない。

それが彼らの主張だった。

もっともらしい意見だが、それでは取引先全体での我が社の利益はどうなっているのかというと、ギリギリで黒字、いや赤字のケースも少なくなかった。「プロダクトミックス」という概念自体、もはや限界にきていたのだ。

それでもなお「工場が稼働しませんよ」と、食い下がる者もいた。取引がなくなれば、商品が作れなくなる。工場の従業員の仕事がなくなるという主張だが、赤字の商品を作り続けていれば、会社全体の経営が悪化し、多くの失業者を出しかねないことは言うまでもない。

理屈をこねくり回してまで、現状を変えたくないのだろうか。繰り返しになるが、それではもうやっていけない。私は、彼らの理屈に耳を貸すつもりはなかった。

「お前のところとはもう付き合わない」

このように、朝会では、商品の限界利益率に話はとどまらず、取引先との関係、会社の運営の方針、シマダヤの社会的な評価にまで発展した。だが、どの方向に話が広がっても、最後に私は「私の責任でやります」と、持論を譲らなかった。

「この商品をやめて、取引先との関係が悪くなったとしても、それは私の責任です。あなた方の評価にはしません。むしろ、取引をやめたことを評価します」

そう告げた。

私が譲らないとわかっても、いざ、取引先と交渉を始めると、先方からいろいろ言われているうちに、ひるんでしまうケースも多々あった。

北関東の大手スーパーの話に戻せば、まさにそのような状況だった。

スーパーのバイヤーもその上司の部長も怒り心頭で、「社長を呼んでこい」と言う。私のことだ。

要望通り私が出向き、平身低頭、お詫びを申しあげつつ、このままではウチは赤字です。商品の取り扱いをやめることが唯一の方法です、と繰り返し説明した。

「お前のところとはもう付き合わない」

はっきり口に出されたわけではないが、言葉の端々にそのような含みを感じずにはいられなかった。だが、だからといってこちらの主張を曲げるわけにはいかない。

最終的には相手がしぶしぶながらこちらの言い分を認める形で交渉を終えたが、このチェーンでのシマダヤの売上が大幅に減ることは避けようもなかった。実際、その年は４割落ち込んだのだ。つまり、６割になってしまった。だが、６割残ったという見方もできた。

品質が確かでブランド力があれば、必ず取り戻すことができる。私は、そのチェーンを担当していた部長とその後も何度もそう話し合った。そして３年後、現実に売上はほぼ回復した。

一度、スーパーマーケットで売り場を失えば、取り戻すことは難しい。スーパーにとって棚を空けるわけにはいかない。少しでも売り場が空けば、すぐに他社商品を入れてしまう。競合他社もいつも虎視眈々とスキを狙っているのだから。

だが、その北関東のスーパーマーケットチェーンでは、３年で売上は回復し、利益も取れるようになった。自分たちの「品質とブランド力」を信じたがゆえに可能になったのだと思う。

利益の取れる企業になろう。そして中堅の優良企業になろう。商品の限界利益率の勉強会から始めた活動は、会社全体の「利益重視」の政策として定着していった。

とはいえ、１年目は苦しかった。私が社長に就任した２００６年は冷夏となり、目玉である「流水麺」をはじめ、夏の商品がまったく売れなかったからだ。

コンビニエンスストア向けの調理麺にトライしたが、これもうまくいかなかった。当社には調理麺製造のノウハウが乏しく、工場の赤字も重なり、翌年撤退せざるを得なかった。

加えて、限界利益率の取れない商品の取り扱いをやめたこともあり、売上も利益もマイナスになってしまった。

さんざんなスタートだったのである。

会長になっていた近藤前社長と話し合い、ここは責任を取らなければと、会長と私の給与の減額をすることにした。

だが、2年目から業績は回復し始めた。「品質とブランド力」を信じ、利益重視を方針としたことは間違っていなかったのである。

得られた利益については、まず、従業員に還元することにした。給与と賞与を上げるのだ。それでも給与は食品業界の一流といわれている企業にはかなわない。せめて賞与だけはと、大幅に上げることにした。みな喜び「ありがとうございます」と感謝した。私もほっと安堵し、満足もした。

ただ、上がった額は翌年には当たり前のように受け止められる。その喜びは消えてしまうのだが、それでかまわない。さらに上を目指せばいいのだから。

値上げを断行、それでも消費者は支持してくれた

社長就任から3年目の２００８年、20年ぶりの値上げを断行した。

シマダヤで作るうどんの主原料の小麦粉は、かつては「食糧管理法（食管法）」、今は「主要食糧の需給及び価格の安定に関する法律（食糧法）」により、国産品・輸入品のどちらも、政府によって価格が決められている。

毎年、4月と10月の年2回、政府から価格が発表されるのだが、私が社長に就任した２００6年は、春・秋とも価格が上がり続けた。当然、シマダヤで作る商品の原価も上がったわけだ。

それでも価格上昇分はなんとか内部で吸収することにして、商品の値上げは避けてきた。だが、２００7年も終わりが近づく頃には、それにも限界がきていた。

当時（おそらく今も）、値上げは「悪」と考えられていた。当然だろう。消費者にとっては家計を圧迫することになるからだ。

だから社内の人間に値上げを相談しても、「えっ？　値上げするんですか」と、とても信じられないという反応だった。「（業界の）どこもそんなことやってませんよ」とも。

私が本気とわかってからも、「競合他社にシェアをすべて奪われて、売上がなくなりますよ」と言われてしまった。

だが、これも譲れなかった。そうしなければ利益を確保することができない。

私が思い浮かべていたのは、大手食品メーカーが資本提携の解消を言いだしたとき、株を買っていただいた株主の方々のことだった。利益を上げなければ、株主に対して不誠実である。同業者が値上げせずにいたとしても関係はない。きちんとした理由があれば、値上げは断行すべきだ。私はそんな姿勢を社内に定着させたいと真剣に思っていた。

取引先と交渉しなければならない営業にとっては、限界利益率の取れない商品を引き上げたときと同様、また胃の痛む思いをしなければならないだろう。

だが、それについても、「取引先に理由をきちんと説明して、値上げに納得してもらうことがあなた方のミッションだ」と告げて、一斉に値上げに踏み切ることにした。

そしてまもなく、私はその決断が正しかったと確信した。恐れたほど売上は落ちなかったのだ。

値上げをすれば、販売量が落ちるという心配の声は当然あった。事実、値上げ後の売上は一時期、マイナスに陥った。だが、それは思ったほどではなかったのだ。

値上げしても、お客様はついてきてくれる。お客様はシマダヤの「品質とブランド力」を支持してくれた。それは私の社長としての自信にもつながった。「品質とブランド」ということをうるさいぐらいに言ってきたことが、実を結んだのだ。

ちなみに、競合の大手は、１カ月遅れで我々の値上げに追随した。どこも横並びの意識で我慢していただけだったのだ。

何もかも変えてしまった東日本大震災

「質＝利益重視の経営方針」の一環として、生産・物流の再編、原材料・資材のコストダウンなども並行して進めたことで、その後、シマダヤは安定した利益を確保することができた。会社の収益構造を変えることに成功したのだ。

だが、確かに狙い通り利益を確保できる体質となったものの、売上はなかなかもとに戻らず、２０１０年も「減収増益」の傾向は続いた。

とにかく利益の取れる体質にはなれた。あとは売上さえ上げることができれば、さらに経営を強固なものにできる。

まず、業務用では、私が役員時代に人材を揃えて一気に拡大を図り、事業の柱になりつつあった冷凍麺をさらに強化することにした。

また、家庭用チルド麺の柱となるのは、なんといっても「流水麺」だが、その拡大を図るとともに、もう一つ、当社の看板商品である「太鼓判」うどんに力を入れることにした。これはセミＬＬ麺と呼ばれる、賞味期限が２週間前後のうどんである。積極的な広告展開で売上アップを図った。

２０１１年になると、安全・安心の取り組みの指針となる「シマダヤ品質基本方針」を制定し、品質管理をいっそう徹底強化しようしたが、その矢先、また〝まさか〟の衝撃的な出来事が発生した。

東日本大震災である。

２０１１年３月11日、私は朝から日本冷凍めん協会のゴルフ会に参加していた。

同協会は、１９８３年、冷凍めんの発展を図るために設立された組織で、冷凍めんの製造・流通・販売などに関連する企業約40社からなっていた。また、設立者の一人が同協会の会長まで務めた当社２代目社長の牧順氏である。２００９年から私が会長を務めていた。

日頃、お互いに切磋琢磨する間柄だが、たまにはリラックスして顔を合わせるのもいいのではないかと、私の発案でゴルフ会を開催することにした。その日は早朝から、各業界の重鎮たちに埼玉県熊谷市内のゴルフ場まで足を運んでいただき、８時にはプレーをスタート、午後２時にはラウンドを終えていた。

その後、クラブの施設の２階でパーティーを開催し、挨拶や乾杯など型通りのことを終え、表彰が始まってまもなくの頃。ちょうど優勝者を発表しているところに、最初の揺れが来た。

会場は一瞬、騒然となったものの、日本で地震は珍しいものではない。すぐ収まるものと考えていたが、なかなか収まらない。それどころか、強くなる一方だ。隣の食堂からは、食器棚が倒れたのだろう、ガシャーンという大きな音が伝わってきた。

やっと揺れが収まり、私は何が起きたのかと窓に近寄り外を見ようとしたとき、第二波が来た。ゴルフ場の池の水面が、風もないのにまるで台風のときのように大きく波打っていた。改めて、これはただならぬ地震だと理解した。

幸い会場でのけが人はいなかった。私は、参加者にパーティーを中止する旨を伝え、早く帰路につくように促した。揺れはすでに収まっており、あとは各自でなんとかするだろうと考えたのだ。だが、その判断は甘かった。

全員を見送ったあと、カウンターで支払いをすませ、私も帰り支度を始めた。アルコールが入ることはわかっていたので、待たせていた社用車に、この日、事務局を務めた専務理事とともに乗り込んだのだが、それからが大変だった。ほどなく渋滞に巻き込まれ、車はまったく動かなくなってしまったのである。

おそらく、ほかの参加者たちも同じ目に遭っているはずだろう。私はみなに早く帰るよう促したことを少し後悔した。ゴルフ場の施設でしばらく待機する選択肢もあったのだ。しかし、今さらどうしようもない。

私たちがゴルフ場を出発したのは、夕方の4時前後だったと思う。私の自宅は埼玉県の志木にあり、通常であれば、ゴルフ場からは1時間ほどの距離だ。とりあえず一番近い私の自宅を目指すことにしたものの、渋滞で高速道路は通行止めとなっており、そのまま一般道を利用したのだが、信号は停電しており、一つの交差点を越えるだけでもひと苦労だった。そのうち、前にも後ろにも動くことができなくなってしまった。

車中、電話をかけて会社の様子を聞こうとするが、どの部署も電話が通じない。あちこちの部署にかけてやっと出たのが、お客様相談室の固定電話であった。

そこからなんとか専務につないでもらい、事情を聞くと、会社も周辺も大混乱の真っただ中という。社員は帰宅しようとしているが、ＪＲも私鉄もまったく動かず、道路は大渋滞。多くの社員は会社にとどまったまま動けないという。

私は、誰も外に出ないようにして、男性には社内に泊まってもらい、女性には、住まいの近い人同士で集まってもらって、数人単位で会社の車で自宅まで送り届けるように指示をした。私ができることはそれぐらいだった。あとは会社にいる専務に任せるしかなかった。

その日、私が家に着くことができたのは夜の10時頃だった。ゴルフ場を出てから実に６時間が経っていた。

地震当日はこうしてなんとか家にたどり着けたのだが、あとから振り返れば、その日の困難などはまだまだ序の口に過ぎなかった。

地震による直接の被害はもちろん、以後、長期にわたって続く影響は社会的にも業界的にも非常に大きく、シマダヤの経営のあり方をもガラリと変えてしまったからだ。

被災地への商品供給を最優先に

翌朝になっても、電車などの公共交通機関は止まったままだった。私は自家用車で出勤し、そこで東北の惨状を初めて知った。家は前日から停電しており、テレビを見ることはできなかったのだ。

会社もなお混乱のさなかにあった。いや、日本中が大混乱だったといってもいいだろう。しかし、私は社長としてこのシマダヤでできることをしなければならない。

まず、地震の被害状況をまとめると、当時全国で12工場あるうちで、東北の3工場と千葉の松戸工場の計4工場が被災していることがわかった。

建物が損壊したり、製造装置が壊れたりと、被害状況は異なっていたが、なかでも被害が大きかったのが松戸工場だ。屋上に設置したキュービクル式高圧受電設備が損傷し、工場への電力供給が完全に断たれていた。この松戸工場をはじめ、ほかの3工場も復旧には時間がかかりそうだった。

一方ではものすごい勢いで家庭用商品の注文が入っていた。主に、直接、被災せずにすんだ地域からだったが、震災によるモノ不足を予想してのことだったのだろう。通常の2～3倍、多いところでは4倍もの量に及んでいた。

対応できるはずがない。全工場が稼働していたとしても無理なのに、4工場がまったく動かないのだ。たとえ製造できたとしても、運ぶためのトラックが不足しているだけでなく、ガソリンの入手も難しくなっていた。

約5割の商品は、販売を休止せざるを得なかった。業務部は「赤伝（処理済みの伝票を取り消す伝票）」を切るのに必死だった。

問題は、残り半分の供給可能な商品を、どこへどのように出荷すべきか――優先順位を決めなければならないことだった。

私は、被災した企業へ優先的に商品を納めるべきだと考えた。多くは東北の取引先だが、関東でも被害は大きく、例の北関東の大手スーパーも大きな損害を被っていた。限界利益率が取れない商品を引き上げたとき、社長の私が呼び出されて問い詰められたチェーンだ。そのような被災企業を優先し、平等に供給することにした。

「お客様は平等」という方針は決して間違っていなかったが、大手の取引先のなかには怒りだすところもあった。

「なんでウチに持ってこないんだ」

というわけだ。

スーパーマーケットをはじめ、小売りの現場では商品が入らなければ商売にならない。実際、シマダヤの競合他社は、大手小売りチェーンに優先して商品を出していた。

確かに、売上の大きな大手チェーンは大切にしたい。優先的に出荷すれば、シマダヤとして安定した売上を確保できる。

だが、そうすれば当社を支えてきた中小の小売店を切り捨てることになる。それはできなかった。

シマダヤは創業当初から、街中の小さな小売店をお客様にしてきた。多くの個人商店、飲食店に支えられて今があるのだ。誰もが苦しい時期だからこそ、その恩返しを少しでもしなければならない。私はそう信じた。

だが、売り場がスカスカになりイラ立つ大手小売りチェーンにとって、そんな考え方は理解されるはずもない。業務部は、毎日、矢のような催促にさらされ、鳴り止まない電話の対応に苦慮していた。

地震から1週間ほど経った頃だろうか。私は、競合のT社の営業のトップに連絡を入れた。

シマダヤは１日置きに品物を出荷することにする。だから、Ｔ社はシマダヤが出さない日に出荷するようにできないだろうか。つまり、２社で交互に品物を供給する算段である。

２社のシェアを合わせれば関東では50％を超える。この２社が、たとえ１日置きであっても交互に商品を供給するようにすれば、小売り側にとっては、たとえ量は少なくとも、とにかく毎日、商品が手に入ることになる。品物が入ってこない不安を多少なりとも払拭でき、売り場を作る見通しも立てられると考えたのだ。

通常の状況ならば、カルテルだと非難されても仕方ない行為だったが、緊急事態ゆえに、そんなことは言っていられない。

競合のＴ社は、そんなことには応じられないと電話を切ったが、数時間後に折り返し電話がかかってきた。結果、２社でなんとか乗り切ろうということになった。

ウチも苦しい、競合他社も苦しい。だが、被災地はもっと苦しい。どこかでバランスを取る必要がある。

満足にはほど遠かったとはいえ、この方法により、小売り側も当社も若干、落ち着きを取り戻せたように思う。混乱のさなか、必要なのは明確な方針決定だと改めて確信した。

作り続けることこそが工場のやりがい

地震から10日ほど経った頃、私は東北へ向かうことにした。東北新幹線は復旧にはほど遠く、東北自動車道も使えなかった。だが、上越新幹線がかろうじて動きだしていた。

上越新幹線でいったん新潟へ入り、そこから電車とバスを乗り継いで山形へ向かう。山形から奥羽山脈を越え、バスで仙台に入るのだ。

大学の後輩に頼んで缶詰などすぐに食べられるものをかき集めると、古いリュックサックに詰め込めるだけ詰め込み、単身、出発した。

東北新幹線なら2時間の距離だが、このときは丸1日かかった。仙台に着くと、まず、東北支店に向かい、車を出してもらって、古川工場・仙台工場、そして福島の郡山工場を回った。

仙台工場では、パートで働いていた方が地震で命を落としていた。また、物理的な被害もさることながら、従業員が被った精神的なダメージは予想以上に大きいように思えた。

生産に携わっている人たちは、生産できないことが大きなストレスとなっていた。短期的な予測だけでなく、長期的な将来が展望できなくなり、それが大きな不安となっていたのだ。

私は、必ず復旧させるので、今は耐えてくださいと答えるしかなかった。

郡山工場の場合は、原発事故の発生のため、事情はさらに複雑になっていた。

ここではすでに工場の一部が復旧し、稼働し始めていたが、工場が福島にあることから、作っても「いらない」と言われてしまう。放射線の影響があると誤解されていたのだ。

シマダヤでは放射線の検査はすでに始めており、郡山工場で作るものは、すべて基準内であることを確認していた。公式に発表もしていたが、誤解はなくならなかった。偏見といってもよいだろう。

「これから我々はどうなるんですか」

従業員の一人は、作っても無駄になるだけ、いったいどうすればよいのかと、私に聞いた。

その声から私は、彼が将来への不安はもちろん、自分自身の仕事に疑問を持っているように思えた。仕事への自信を失いかけていたのだ。

私は、作り続けてください。売るのは私たちががんばりますから、と答えた。

それを聞いた女性の従業員は、涙を流しながら、「本当に作っていいんですか」と私に何度も聞いた。私は「作ってください」と答えた。

「商品の検査は全数行っています。私たちが確認していますから大丈夫です」

2011年10月に開かれた「創業80周年感謝のつどい」で挨拶をする筆者

繰り返しそう伝えると、女性は「ありがとうございます」と、また涙を流した。

この人たちのためにも、この危機を乗り切り、必ず売れるようにしよう。私はそう決意した。

その後、各工場は順次、復旧を果たしていく。最も被害が大きかった松戸工場は丸2カ月生産できなかったが、それでも5月には製造を再開することができた。

生産体制は復旧しつつあったが、それですっかりもとに戻ったわけではなかった。

シマダヤの生産能力が半減していた約2カ月の間、主な取引先である関東の食品スーパーは売り場を埋められなくなり、その穴を埋めるべく西日本の競合メーカーの商品が入り込んでいた。

シマダヤの生産能力が完全に復旧した5月以降も、状況は変えられず、結局、店の売り場も含めて完全に復旧するには、約1年を要することになった。

「品質とブランド力」を見える形にした東京ドームの大看板

経営環境は絶えず移り変わる。予測が付く変化もあるが、予測が付かない出来事が突然起こることもある。天災はその代表だろう。

誰しも、そのときは驚き、あわてふためくだろう。だが、そうであっても、次の段階では立ち直り、対処していかなければならない。そしてそのまた次の段階では、いつ何が起きても対処できるよう、事前に万全の準備を整える。東日本大震災の経験は、我々にそのことを教えてくれた。

一方では変わらないものもある。変えてはいけないもの、というべきだろう。企業にとっては品質であり、信用である。ブランド力と言い換えてもいい。

突発的な天災が起きたとしても、商品の品質を落としてはいけない。また大手チェーンを優先するのではなく、これまでシマダヤを支えていただいた小売店舗すべてに平等に接し、信用を損なわないようにする。それがブランド力となるはずだ。

私はその後も機会あるごとに「品質とブランド力」の確立を訴えることになった。「品質とブランド力」のために実際、走り回ってもきた。２０１３年になると、それをいっそう強化できる機会に恵まれた。

同年はシマダヤの創業者、牧清雄の生誕１００年にあたる年だった。そこで大々的に記念式典を行うことにしたのだ。

目的は、シマダヤで働く全従業員が、自社商品の品質の高さに改めて気づき、仕事に誇りと責任を持てるようにすることだった。そして、その意識が一般消費者にまで伝わり、シマダヤというブランドが広く社会に浸透、定着するようにしたかった。

式典は、牧清雄の生誕１００周年に合わせて２０１３年7月に開催したが、そこで私は、従業員に〝サプライズ〟を用意することにした。

東京ドームにシマダヤの大きな看板を掲げるのだ。

東京ドームの看板広告は、お金さえ出せば掲出できる、というわけではない。一度掲出すれば、試合が行われている間中、来場者の目に入る。さらに、テレビ放送されれば、全国の野球ファンの目にとまることになる。看板広告に出稿できるということは、信頼されている企業の証である。競争率は高く、現実にすべてのスペースが埋まっていた。

だが、ちょうど大学の先輩のそのまた知り合いが関連する仕事についていると聞きつけ、ダメもとで当たってみると、なんと掲出することは可能だというではないか。さっそく手配すると、その年の夏の初め、都市対抗野球が行われる間に、看板付け替えの工事が始まった。

２０１３年7月、新宿の京王プラザホテルで牧清雄生誕１００周年の式典は始まった。社長である私をはじめ役員たちは、現在のシマダヤの経営の方針を立てるために、会社の創業からの歴史が重要であることはよく理解している。

だが、多くの従業員にとって、創業家についてはどの程度、関心があったのだろう。また創業○周年を記念する式典はどこの企業でも開かれるが、創業者個人の生誕を祝うことはあまり耳にしない。創業家と一部の会社関係者以外、遠い昔の人物として認識しているだけだったのではないか。

そのためなのか、式典は特に盛り上がるわけでもなく、粛々と進められていったのだが、東京ドームへの看板設置を報告し、会場のスクリーンにデカデカとシマダヤの看板が映し出されたときは、さすがに会場から「うおーっ」というどよめきが起こった。

東京ドームの外野席の中央には、横長の巨大なスクリーンが設置されている。そのすぐ右隣、ライト側のいわば特等席のポジションに、にっこり笑ったおなじみの当社のロゴが並んでいた。

日本の名だたる企業の看板が並ぶなか、最も目立つところにシマダヤの看板があったのだ。

私は、このマークに「責任と誇り」を持ちましょうと挨拶した。

これから、プロ野球の中継で全国に映し出されることがあるだろう。実際、大谷翔平選手が活躍した２０２３年３月のＷＢＣでは、試合の中継中、シマダヤの看板がしょっちゅう画面に映し出された。

その中継を家族で観ながら、

「お父さんはあの会社で働いているんだ」

「えっ、ほんと？」

——実際にそんな会話が交わされたのかどうかはわからないが、東京ドームの一番目立つところにある看板の会社に、父親が、あるいは母親が働いていると子どもが知れば、友だちにちょっとは自慢したくなるのではないか。そしてそんな子どもの気持ちを親が知れば、嬉しいに違いない。自分の仕事に誇りと責任を持てるのではないだろうか。

シマダヤの「品質とブランド力」を〝見える化〟する意味でも、東京ドームでの看板設置は大きな意味があったように思う。

牧清雄が生まれたのが１９１３年、島田屋商店を創業したのが１９３１年のことだ。

当時の社是が「奉仕・努力」。事業活動を通してお客様に信頼されることが報酬につながり、その努力を惜しんでは企業として存続することができない。このことを言い表したものだ。「奉仕・努力」はシマダヤの原点といってもいい。

時代が移り変わっても「奉仕・努力」を怠らずに、社会的な責任を果たし、信頼される企業になろう。東京ドームの大看板に恥ずかしくない仕事をしよう。私自身、改めてそう決意した。

品質向上の徹底を図って全工場を子会社に

商品の品質を確かなものにするためには、生産工場での取り組みは欠かせない要素になる。

当時、シマダヤの商品の生産は全国12の工場で行っていたが、各生産工場では、食品衛生管理手法であるＨＡＣＣＰに取り組んできた。

だが、２０１４年になると、より厳格な国際基準である食品安全マネジメントシステムのＦＳＳＣ２２０００を取得することにした。

簡単ではない。各工場では２０１４年１月に取り組みを開始し、１年以上をかけて翌２０１

5年3月から順次、認証を得るようになった。2015年秋の時点で、10工場の認証取得を果たした。

大きな成果だったが、私はさらに品質管理を徹底させなければと考えた。そこで取り組み始めたのが、全工場の子会社化だった。

それまで、シマダヤの商品の生産を担う工場のなかには、別会社として運営している工場もあった。創業時からの共存共栄の方針として続いてきた形だった。

だが、「品質管理の徹底を」と呼びかけても、その受け止め方は、各工場のオーナーによって微妙に異なっていた。

確かに、HACCPやFSSC22000の認証取得については、国際的な流れもあり、誰も異存はなかったものの、それ以上のことになると、品質管理のためにどこまで投資するのか、あるいは、しないのか、その判断には微妙な差が生じていた。

それぞれの企業は、毎日厳しい市場のなかで競争している。共存共栄の大原則はあっても、オーナーは当然、自社の利益を最優先しようとし、それはいつもシマダヤが目指す方向と一致するとは限らなかった。

シマダヤのブランドとして商品を作り続ける以上、シマダヤと同じ考えで品質管理に取り組む必要がある。そこで各会社にシマダヤから投資したい旨を伝え、徐々に資本の割合を増やしていった。シマダヤの子会社になってもらい、品質管理をはじめ統一的な運営を実現するのだ。抵抗はあった。当然だろう。各企業のオーナーは一国一城の主であり、株を手放せば、会社を自分の思う通りには運営できなくなる。

また、各社の給与や休日などの労働条件が大きく違っていたことも、子会社化の障害になった。

そういったあらゆる抵抗や障害を乗り越え、2016年4月、生産工場をすべてシマダヤの子会社とすることができた。さらに、翌年2017年になると、我々は工場再編への動きを一気に加速させた。

これにより、各社の独立を守りつつ共存共栄していく、という創業時から続いていた体制は終わったが、グループ会社として、ともに繁栄していくという新たな体制ができあがった。

2018年4月には、シマダヤが、メルコホールディングスの子会社となった。

バッファローのブランドで知られるメルコホールディングスの牧誠会長（当時）は、シマダヤの創業者、牧清雄の四男にあたる。

シマダヤはうどん、そばなど麺類の食品製造を事業とし、メルコホールディングスはパソコン周辺機器の製造を事業とするように分野はまったく異なるが、2018年、シマダヤは、メルコホールディングスの子会社となり、同じグループとして運営されることになった。

苦しいときこそ助け合って——コロナ禍で知った信頼の大切さ

こうして事業では利益を、商品では高品質を求めてきた我々の取り組みは形となり、成果となって現れつつあった。この波に乗って一気にと考えていた矢先、またもや〝まさか〟がやって来た。

新型コロナウイルス感染症の世界的な流行である。

2020年に入り、日本国内でも本格的な感染対策が進められていくと、売上の事業構成はすっかり変わることになり、それへの対応を迫られた。

感染を防ぐため、官民を挙げて進められたのが「密を避けること」だが、なかでもその対象となったのが、人が集まる飲食店だった。飲食店の運営に制約を課す自治体が増え続け、全国的に多くの飲食店で営業を続けることが難しくなった。シマダヤの業務用冷凍麺の売上も激減し、通常の半分にまで落ち込んでしまった。

一方、家庭用のチルド麺は急伸した。誰もが感染を避けるために外出を控え、家に籠もるようになったためだ。売れ筋商品はガラリと変わってしまい、それに伴って工場での生産のバランスも大きく変えなければならなくなった。

製造の現場では、ほかにも悩みは増えた。

一つは感染対策のため、マスクの着用を徹底したり、手洗いやうがい、検温など、通常の業務とは別の多くの手間をかけなければならなくなったこと。

また、麺類製造には不可欠なアルコールの入手が難しくなったことも製造を困難にした。全国どこの職場でも家庭でも、殺菌・消毒に力を入れるようになり、アルコール類はそのために優先的に使われるようになったためだろう。入手することが難しくなってしまったのだ。

これらの変化が一気に起こったことで、製造の現場は大混乱した。

そのとき私の念頭にあったのは東日本大震災での教訓だ。混乱しているときこそ、明確な方針を出さなければならない。

そこで緊急事態対策本部を立ち上げ、まず、感染対策として工場を中心にマスクとアルコール消毒液の確保を優先することにした。たまたまマスクは大量に入手できるルートがあったため、自社内だけでなく、主要な得意先や仕入取引先にも配付することにした。

生産のバランスの変化には苦慮した。

単純に考えれば、需要が激減した業務用の生産工場で、逆に需要が急伸した家庭用の商品を作ればいいように思える。だが、片や冷凍、片や冷蔵と、使う設備も工程もまったく異なる。簡単に移行することはできない。

結局、業務用冷凍麺を作っていた工場は稼働しない日が続き、家庭用チルド麺の工場では残業続きというアンバランスさは、なかなか解消できなかった。

このコロナ禍という何度目かの〝まさか〟の事態をうらめしくも思ったが、冷静に考えれば、我々の業界とその周辺での一番の被害者は飲食店だろう。そこで、入手できたマスクとお見舞金を持って、得意先を訪問することにした。

見舞金といっても、被害額に比べればごくわずかな額だ。たいしたことができたとは思っていない。だが、ずっとあとになってからも、「あのときは本当に助かった」と、何人もの方から感謝の言葉をいただいた。

〝まさか〟の事態に遭遇すれば、誰でもまず自分のこと、自社のことを考える。だが、大変な目に遭っているのは自社だけではない。お互いに困難に直面しているからこそ、それぞれの立場を考え、助け合う気持ちを持っていたい――。そんな気持ちがわずかでも通じたことが、私には嬉しかった。

踏み切った国産化が揺るがない信頼に

２０２０年は、このように実に大変な時期だったのだが、だからこそ私はもう一つの方針である「国産化」も進めることにした。

新型コロナの感染の広がりとともに、日本では、海外から入ってくる食品への不安もまた広がっているように思えた。

小麦などの主原料を国産化できれば安心感が得られ、消費者からの信頼は増すだろう。また、国産にして原材料の出所を確かなものにすれば、この間、進めてきた品質の向上にも役立つはずだ。

原材料を安定的に国内で調達できるようになれば、我々が作る商品もまた安定的に供給することができる。

より大きな視点に立てば、国内の食料自給率の向上にも貢献できる。海外から原材料を日本に輸入するためには、運送費をはじめ多くのエネルギーが費やされている。地球環境を守るという点でも、国内で原料を調達することは望ましいはずだ。

このように、原料を国産化するメリットはいくつも考えられた。だが、問題は価格だった。国内産の小麦粉は、海外産に比べて当時は高く、商品価格を維持しようとすれば、粗利を大幅に削らなければならない。

だが、それでも私はやる意義はあると信じ、国産化に踏み切った。

家庭用チルドのうどん類の原料は100%国産小麦にし、また、そばの原料も中国産・北米産から国産に切り替えた。その後、「流水麺」にも範囲を広げた。業務用冷凍麺が最後に残されたが、こちらも進めるつもりだ。

2022年になると、ロシアのウクライナへの侵攻により、小麦粉をはじめ穀物類の確保が大きな問題となった。食料を海外へ依存する不安が以前にも増して大きくなったと思う。

国産化に踏み切ったことは間違っていなかった。

だが、ロシアのウクライナ侵攻は、ほかにも大きな問題をもたらすことになった。小麦をはじめウクライナで作られる穀物が不足するようになり、国際的に穀物の価格が高騰し始めたのだ。

海外産の小麦が高騰したことで、日本でも国産小麦の争奪戦が始まり、こちらも値段が上がり始めた。ただでさえ高かった国産小麦がさらに高くなったばかりでなく、食品全般も、エネルギー費や物流費など、あらゆるものの価格が上がり始めた。

原材料の国産化に踏み切った当初、我々は原材料が上がった分は内部で吸収し商品価格を据え置いたが、ここまで製造原価の上昇が続けば、それにも限界があった。

商品価格を上げなければならない。

そこで２０２２年３月に、２００８年以来、14年ぶりの大幅な値上げを実施した。さらに１年後の２０２３年２月にも、価格改定を行った。

これにはさすがに販売食数減を覚悟したが、意外にも前年を維持することができた。お客様はこの間取り組んできた「品質とブランド力」を認めてくださったのだ。「品質とブランド力」のために、やれる限りのことをやってきた一つの成果だったと信じている。

特に、２０２２年と２０２３年は夏の「流水麺」の売上が好調だった。取引先である小売りチェーンの方から、「『流水麺』があったから、夏を乗り越えられた」という言葉をいただいた。

今はどこも苦しい。苦しいゆえに安易な方法を選んでしまいがちだ。たとえば、こっそりと

「流水麺」が、日本食糧新聞社主催の「第36回食品ヒット大賞　ロングセラー賞」を受賞。表彰状を持つ筆者（2018年）

量目を減らす。価格は維持しているため、周りで値上げが続くなかでは一見、誠実に見えるが、実際は値上げと同様だと思う。

これまで「品質はすべてにおいて最優先」として経営してきたシマダヤでは、量も質も変えずに適正価格でお客様に提供することを重視してきた。

そうしてきたからこそ、いざ値上げをしても、お客様に納得していただけたのではないだろうか。

今、シマダヤでは、新たに西日本の市場開拓にも乗り出している。

創業は名古屋だが、東京でのルートセールスに代表されるように、関東を中心に販売網を広げてきたシマダヤにとって、西日本の市場開拓はずっと課題だった。

しかし、競争相手はどこになるのかさえ、実ははっきりとはわからず、２０２０年に市場調査を実施することになった。

当然、ライバルは大手の麺製造メーカーだと思い込んでいたのが、実際に調べてみると、意外にも地場のいくつもの中小メーカーが圧倒的な力を持っていることが明らかになった。地元にぴったりと密着しながら、顧客と強固な関係を築いていたのだ。

それら地元密着型のメーカーの生産能力、営業力をさらに調べて、シマダヤの強みを確認しつつ、一気に参入していった結果、うどん類ではトップに肩を並べられる位置にまでできた。

これもまた、「品質とブランド力」を追求してきた一つの大きな成果だったと信じている。

あとがき

2023年4月、私は社長を退任し、新しく就任した岡田賢二社長に引き継いだ。社長に就任してからの17年間は、あっという間に過ぎていった。同時にそれは〝まさか〟の連続であり、〝まさか〟は最後の最後まで続いた。

社長退任の1年前の2022年1月11日、生産子会社で横領が発覚した。経理を担当していた男性従業員が、多額のお金を不正に自分の懐に収めていたという。

ショックだった。情けなかった。驚きのあまり、しばらく何もできずにいた。

その後、少し落ち着きを取り戻したものの、それまで「品質とブランド力」向上のためにやってきた自分の仕事はいったいなんだったのだろうかと、考え込んでしまった。これまでの努力がすべて無駄になったように思えたのだ。

地に足がつかないとはこのことだろう。身も心もふわふわと漂っている感じだった。立ち直るには、それから2カ月ほどかかった。

しかし、起きてしまったことをもとに戻すことはできない。信頼回復のために、シマダヤグループ全体での内部統制の強化に取り組むことにした。なんとか体制を整えたところで、岡田社長に引き継ぐことができた。

最後の最後まで現実は過酷だったわけだが、17年の間には、嬉しい出来事もたくさんあった。数ある中でも忘れられない出来事が、２０１６年の2月、お客様相談室にかかってきた一本の電話だ。

一般消費者の女性からのものだった。内容は、がんのため余命いくばくもない父親がシマダヤの冷やし中華を食べたいと言っている。だが、探しても見つからない。どこの店に置いてあるのか――そんな問い合わせだった。

電話に出たお客様相談室の社員（以下、担当者）は、女性とのやりとりで商品が「『本生』冷し中華　醤油味」であることを突き止めた。だが、その商品は夏向けであり、その年はまだ店頭での発売は始まっておらず、早くとも2月末まで待たなければならないと告げるしかなかった。

担当者は、本当に申し訳ありませんと事情を説明し、もっと早く手に入る方法はないか探してみますと伝えた。すると、女性は了承したものの、父親は2月末までもつかどうかわからないという。ただ、そのときはいったん電話を切り、その日の夕方にまたかけ直していただくことにした。

担当者は電話を切るとすぐに上司の室長に経過を伝え、それを聞いた室長は、なんと私のところにまで直接、相談にやって来たのだ。

社長として、普段からお客様相談室にかかってくる電話のやりとりには気を配っている。クレームから重大事故が発覚するケースもあり得るし、そうでなくとも、ちょっとした要望が将来の商品開発や改善のヒントになることは十分に理解していた。

だが、社長として目にしているのは、のちに電話の内容を資料にしたもので、直接、お客様相談室長の話を聞く機会はめったにない。室長もこの案件は放っておけないと判断したのだろう。

私も話を聞いて、この電話の女性の希望にはぜひ応えたいと知恵を巡らせた。

確かに正式な販売は2月末で、まだ工場での生産も始まっていなかった。だが、営業は夏の商品として取引先に紹介しているはずだ。試作品が研究所にあるのではないか。正式な商品ではないが、食べることにはなんら問題はない。そう告げると、室長はすぐに研究所に連絡を入れた。

その日の夕方、また女性から電話がかかってきた。担当者は研究所で入手した商品を送ることを告げた。もちろん無料でだ。女性は泣きだし、何度もありがとうございましたと繰り返して、電話を切った。

3カ月後のこと。私宛に女性から手紙が届いた。

父親は亡くなったが、とても美味しそうに食べている父親の姿を見て、家族一同、大変喜んだと書かれていた。

「最後に食べたいものを食べさせてあげられて、自分たちとしても本当に幸せでした」と綴られていた。

私は涙を抑えることができなかった。そして、この仕事をしていて、本当によかったと心から思った。

食品メーカーで働く者として、これほど嬉しいことはない。食品製造に携わる者としての仕事の意義と責任を、この出来事は思い出させてくれた。

「情」と「理」という言葉がある。企業が大きくなり、組織化だ、合理化だという声が強くなると、どうしても「理」の部分が大きくなってしまう。そうでなければ組織の運営は難しいのは事実だ。

だが、本来、我々の活動はもっと「情」を大切にすべきなのではないか。いや、何よりも「情」

を最優先にすべきなのではないだろうか。

　これまでも何度も繰り返し触れてきたことだが、シマダヤで働くみなさんに、この場でもう一度、言いたい。

　食品メーカーは、人の命を預かっている仕事と言っても過言ではない。どうか、自分の仕事に誇りと責任を持ってほしい。

　長く働いていれば、そんな思いも打ち砕かれるような出来事も起こる。積み上げてきた努力を、一瞬で無駄にしてしまうようなことも。私の場合もそうだった。

だがそれでも投げ出してはいけない。どんなことがあっても、仕事に誇りと責任を持ってほしい。そして前へ進み続けてほしい。


　私はシマダヤで46年間お世話になりました。特に課長代理になってからの40年間は、企画力・創造力・行動力をもって仕事に取り組んできた自負はあるものの、自分が優れたリーダーだと思ったことは一度もありません。それどころか、リーダーとしてはたくさんの欠点も自覚しています。組織のリーダーとしては、怒るばかりで褒めない、時として事の軽重や大小を取り違える、妙にこだわったかと思えば、「情」に流されてしまうことがしばしばありました。毎日毎日、後悔と反省の繰り返しのシマダヤ人生でした。退任後に理想のリーダーとはどうあるべきかを考えてもすでに遅いので、これからは考えずに生きていきます。

数々の〝まさか〟の出来事を乗り越えられたのは、家族をはじめ多くの諸先輩方や仲間の支え、そして何より今までついてきてくれたシマダヤで働くみなさんの尽力があったからこそだと、切に感じております。最後に、この場を借りて、改めて今まで関わってくれたすべての方々に深く感謝いたします。ありがとうございました。

木下紀夫

2024年秋

「シマダヤグループ社会・環境報告書2021」のインタビューを受ける筆者

筆者の最後の出社日に、社長の岡田賢二氏と記念撮影。バトンタッチの思いを込めて

［著者］
木下　紀夫（Norio Kinoshita）

1954年、東京都台東区浅草生まれ。1978年3月、獨協大学卒業後、シマダヤ株式会社（旧・株式会社島田屋本店）入社。ルートセールスから始まり、1982年に浦和営業所長、翌年には大宮営業所長を務め、1986年より企画部課長代理として本社に勤務。翌年、今までになかったマーケティング手法を導入し、シマダヤの主力ブランド商品「流水麺」の企画・開発に携わる。1998年に取締役チルド事業部長兼広域営業部長、2002年に常務取締役生産本部長兼生産管理部長を経て、2006年に代表取締役社長に就任。数々の“まさか”の出来事を経験しながらも、利益重視の経営により、安定した収益基盤を構築。2023年、取締役会長に就任。2024年6月に退任し、現在に至る。

“まさか”続きの人生でも
「信頼」があれば立ち向かえる
情を大切に、何があっても投げ出してはいけない

2024年10月1日　第1刷発行
2024年10月30日　第2刷発行

著者　木下　紀夫
発行所　ダイヤモンド社
〒150-8409　東京都渋谷区神宮前6-12-17
https://www.diamond.co.jp/
電話/03-5778-7235（編集）　03-5778-7240（販売）
装丁　安食正之（有限会社北路社）
編集協力　古村龍也（有限会社クリーシー）
執筆協力　山本明文
製作進行　ダイヤモンド・グラフィック社
印刷　勇進印刷
製本　ブックアート
編集担当　田口昌輝

ISBN 978-4-478-11950-1